세상에서 가장 쉬운 과학 수업

방사선과 원소

세상에서 가장 쉬운 과학 수업
방사선과 원소

ⓒ 정완상, 2023

초판 1쇄 발행 2023년 7월 17일
초판 2쇄 발행 2024년 9월 25일

지은이 정완상
펴낸이 이성림
펴낸곳 성림북스

책임편집 최윤정
디자인 쏘울기획

출판등록 2014년 9월 3일 제25100-2014-000054호
주소 서울시 은평구 연서로3길 12-8, 502
대표전화 02-356-5762
팩스 02-356-5769
이메일 sunglimonebooks@naver.com

ISBN 979-11-88762-95-8   03400

노벨상 수상자들의 **오리지널 논문**으로 배우는 과학

세상에서 가장 쉬운 과학 수업

방사선과 원소

정완상 지음

위대한 퀴리 가문의 탄생부터 주기율표의 완성까지
세상에 없던 새로운 물질의 발견, 그 빛과 그림자

성림원북스

CONTENTS

첫 번째 만남 ─────────────────────────────────

방전관에서 발견된 X선 / 021

과학을 처음 공부할 때 이런 책이 있었다면 얼마나 좋았을까

남순건(경희대학교 이과대학 물리학과 교수 및 전 부총장)

21세기를 20여 년 지낸 이 시점에서 세상은 또 엄청난 변화를 맞이하리라는 생각이 듭니다. 100년 전 찾아왔던 양자역학은 반도체, 레이저 등을 위시하여 나노의 세계를 인간이 이해하도록 하였고, 120년 전 아인슈타인에 의해 밝혀진 시간과 공간의 원리인 상대성이론은 이 광대한 우주가 어떤 모습으로 만들어져 왔고 앞으로 어떻게 진화할 것인가를 알게 해주었습니다. 게다가 우리가 사용하는 모든 에너지의 근원인 태양에너지를 핵융합을 통해 지구상에서 구현하려는 노력도 상대론에서 나오는 그 유명한 질량-에너지 공식이 있기에 조만간 성과가 있을 것이라 기대하게 되었습니다.

앞으로 올 22세기에는 어떤 세상이 될지 매우 궁금합니다. 특히 인공지능의 한계가 과연 무엇일지, 또한 생로병사와 관련된 생명의 신비가 밝혀져 인간 사회를 어떻게 바꿀지, 우주에서는 어떤 신비로움이 기다리고 있는지, 우리는 불확실성이 가득한 미래를 향해 달려가고 있습니다. 이러한 불확실한 미래를 들여다보는 유리구슬의 역할을 하는 것이 바로 과학적 원리들입니다.

지난 백여 년 간의 과학에서의 엄청난 발전들은 세상의 원리를 꿰뚫어 보았던 과학자들의 통찰을 통해 우리에게 알려졌습니다. 이런 과학 발전의 영웅들의 생생한 숨결을 직접 느끼려면 그들이 썼던 논문들을 경험해 보는 것이 좋습니다. 그런데 어느 순간 일반인과 과학을 배우는 학생들은 물론 그 분야에서 연구를 하는 과학자들마저 이런 숨결을 직접 경험하지 못하고 이를 소화해서 정리해 놓은 교과서나 서적들을 통해서만 접하고 있습니다. 창의적인 생각의 흐름을 직접 접하는 것은 그런 생각을 했던 과학자들의 어깨 위에서 더 멀리 바라보고 새로운 발견을 하고자 하는 사람들에게 매우 중요합니다.

저자인 정완상 교수가 새로운 시도로서 이러한 숨결을 우리에게 전해주려 한다고 하여 그의 30년 지기인 저는 매우 기뻤습니다. 그는 대학원생 때부터 당시 혁명기를 지나면서 폭발적인 발전을 하고 있던 끈 이론을 위시한 이론 물리 분야에서 가장 많은 논문을 썼던 사람입니다. 그리고 그러한 에너지가 일반인들과 과학도들을 위한 그의 수많은 서적들을 통해 이미 잘 알려져 있습니다. 저자는 이번에 아주 새로운 시도를 하고 있고 이는 어쩌면 우리에게 꼭 필요했던 것일 수 있습니다. 대화체로 과학의 역사와 배경을 매우 재미있게 설명하고, 그 배경 뒤에 나왔던 과학의 영웅들의 오리지널 논문들을 풀어간 것입니다. 과학사를 들려주는 책들은 많이 있으나 이처럼 일반인과 과학도의 입장에서 질문하고 이해하는 생각의 흐름을 따라 설명한 책은 없습니다. 게다가 이런 준비를 마친 후에 아인슈타인 등의 영웅들의 논문을 원래의 방식과 표기를 통해 설명하는 부분은 오랫동안 과학을 연구해온 과학자에게도 도움을 줍니다.

이 책을 읽는 독자들은 복 받은 분들일 것이 분명합니다. 제가 과학을 처음 공부할 때 이런 책이 있었다면 얼마나 좋았을까 하는 생각이 듭니다. 정완상 교수는 이제 새로운 형태의 시리즈를 시작하고 있습니다. 독보적인 필력과 독자에게 다가가는 그의 친밀성이 이 시리즈를 통해 재미있고 유익한 과학으로 전해지길 바랍니다. 그리하여 과학을 멀리하는 21세기의 한국인들에게 과학에 대한 붐이 일기를 기대합니다. 22세기를 준비해야 하는 우리에게는 이런 붐이 꼭 있어야 하기 때문입니다.

세상에서 가장 쉬운 과학 수업 방사선과 원소

천재 과학자들의 오리지널 논문을 이해하게 되길 바라며

　사람들은 과학이라고 하면 너무 어렵다고 생각하지요. 제가 외국인들을 만나서 얘기할 때마다 신선하게 느끼는 점이 있습니다. 그들은 고등학교까지 과학을 너무 재미있게 배웠다고 하더군요. 그래서인지 과학에 대해 상당한 지식을 가진 사람들이 많았습니다. 그 덕분에 노벨 과학상도 많이 나오는 게 아닐까 생각해요. 우리나라는 노벨 과학상 수상자가 한 명도 없습니다. 이제 청소년과 일반 독자의 과학 수준을 높여 노벨 과학상 수상자가 매년 나오는 나라가 되게 하고 싶다는 게 제 소망입니다.

　대부분의 교양과학 서적들은 수식을 피하고 관련된 역사 이야기들 중심으로 쓰여 있어요. 제가 보기에는 독자들을 고려하여 수식을 너무 배제하는 것 같았습니다. 이제는 독자들의 수준도 많이 높아졌으니 수식을 피하지 말고 천재 과학자들의 오리지널 논문을 이해하길 바랐습니다. 그래서 앞으로 도래할 양자(量子, quantum)와 상대성 우주의 시대를 멋지게 맞이하도록 도우리라는 생각에서 이 기획을 하게 된 것입니다.

　원고를 쓰기 위해 논문을 읽고 또 읽으면서 어떻게 이 어려운 논문을 독자들에게 알기 쉽게 설명할까 고민했습니다. 여기서 제가 설정한 독자는 고등학교 정도의 수식을 이해하는 청소년과 일반 독자입니다. 물론 이 시리즈의 논문에 그 수준을 넘어서는 내용도 나오지만 고등학교 수학만 알면 이해할 수 있도록 설명했습니다. 이 책을 읽으며 천재 과학자들의 오리지널 논문을 얼마나 이해할지는 독자들에 따라 다를 거라 생각합니다. 책을 다 읽고 100% 혹은 70%를 이해하거나 30% 미만으로 이해하는 독자도 있을 것입니다. 저의 생각으로는 이 책의 30% 이상 이해한다면 그 사람은 대단하다고 봅니다.

이 책에서 저는 방사선과 원소의 발견에 대한 이야기를 다루었습니다. 그에 앞서 X선을 발견해 제1회 노벨 물리학상 수상자가 된 뢴트겐, 전자의 발견으로 노벨 물리학상을 받은 톰슨, 전자의 전하량을 측정한 밀리컨의 이야기를 하였습니다. 이 책에서 가장 두드러지게 다룬 부분은 마리 퀴리의 실험에 대한 끈기와 집중입니다. 여성 최초의 노벨상 수상자, 두 개의 노벨상을 거머쥔 여인 등 최초라는 수식어가 많이 붙는 마리 퀴리의 일대기를 그녀와 그녀의 남편 피에르의 연구와 곁들여 상세하게 기술했습니다. 그리고 그녀의 첫째 딸 이렌 퀴리에 대한 특별한 교육법도 소개했습니다. 어머니에 이어 노벨 화학상을 받은 이렌 퀴리와 그녀의 남편 프레데리크 졸리오의 인공 방사선 발견에 대한 이야기도 자세히 다루었습니다. 이와 더불어 새로운 원소의 발견과 원자핵 분열에 관한 내용도 언급했습니다.

이 시리즈는 많은 사람들에게 도움을 줄 수 있다고 생각합니다. 과학자가 꿈인 학생과 그의 부모, 어릴 때부터 수학과 과학을 사랑했던 어른, 양자역학을 좀 더 알고 싶은 사람, 아이들에게 위대한 논문을 소개하려는 과학 선생님, 반도체나 양자 암호 시스템, 우주 항공 계통 등의 일에 종사하는 직장인, 〈인터스텔라〉를 능가하는 SF 영화를 만들고 싶어 하는 영화 제작자나 웹툰 작가 등 많은 사람들에게 이 시리즈를 추천하고 싶습니다.

진주에서 정완상 교수

노벨상 5개, 위대한 퀴리 가문의 탄생
_이렌 퀴리 깜짝 인터뷰

불굴의 여성 과학자 마리 퀴리

기자   오늘은 마리 퀴리의 폴로늄과 라듐 발견에 관해 그녀의 첫째 딸인 이렌 퀴리 박사와의 인터뷰를 진행하겠습니다. 이렌 퀴리 박사님, 나와 주셔서 감사합니다.

이렌   제가 제일 존경하는 저의 어머니 마리 퀴리의 논문에 관한 내용이라 만사를 제치고 달려왔습니다.

기자   마리 퀴리를 역사상 최고의 여성 과학자라고 부르는데 그 이유는 무엇인가요?

이렌   어머니는 여성을 차별하던 시대에 수많은 역경을 딛고 남성들과 경쟁해 과학의 최고 영예인 노벨상을 두 개나 받았습니다. 그녀가 연구한 분야는 물리학 중에서도 실험 물리학입니다. 어머니는 여린 여자들이 하기 힘든 피치블렌드 광석을 해머로 분쇄하는 일까지 남들에게 시키지 않고 손수 하실 정도로 실험에 대한 애착이 강했습니다. 그리고 아버지와 함께 4년여에 걸치는 분석을 통해 방사선을 내는 새로운 원소 두 개(폴로늄과 라듐)를 발견했습니다.

세상에서 가장 쉬운 과학 수업 방사선과 원소

기자 그 두 원소의 발견으로 노벨 물리학상과 노벨 화학상을 받았군요.

이렌 그렇습니다. 어머니는 소르본 대학 최초의 여학생이었습니다. 그녀는 남자들만이 과학을 할 수 있다는 당시의 편견을 깨뜨렸습니다. 하지만 여성이기 때문에 훌륭한 것이 아니라 성을 떠나 끈기 있는 실험을 통해 목적을 이룬 한 명의 위대한 과학자라는 점을 알려드리고 싶습니다. 어머니는 포기를 모르는 불굴의 의지를 가진 여성이었고, 화학과 물리학 실험에 두루 능하셨기 때문에 두 분야의 노벨상을 받았다고 생각합니다.

기자 듣고 보니 정말 존경할 만한 인물이군요.

퀴리 부부의 러브 스토리

기자 부모님의 러브 스토리에 대해 들려주세요.

이렌 어머니는 대학에서 자성에 관한 연구를 했어요. 당시 리프만 교수로부터 자성의 권위자였던 아버지 피에르 퀴리를 소개받았어요. 실험실에서 함께 지내는 동안 아버지는 어머니의 실험에 대한 열정과 순수함에 반했다고 해요. 그런데 어머니는 원래 과학 교사가 꿈이었어요. 소르본 대학을 졸업한 후 바르샤바에서 과학 교사가 되려고 했지만 당시 폴란드는 여교사를 원하지 않았어요. 좌절하던 어머니에게 아버지로부터 구혼 편지가 왔고, 청혼을 받아들여 파리로 돌아왔지요. 두 사람의 사랑과 서로에 대한 존경이 그들을 결혼으로 연결시켜준 거죠.

기자　두 분이 신혼여행을 자전거로 돌아다녔다고 하는데 사실인가요?

이렌　네, 맞아요. 어머니는 자전거 타는 것을 좋아했어요. 그래서 신혼여행도 자전거를 타고 파리 근교를 돌아다니면서 경치가 좋은 곳에서 텐트를 치고 함께 식사를 하며 물리에 대한 이야기를 나누는 것이었지요.

기자　굉장히 파격적이지만 낭만이 있네요.

퀴리 부부의 첫 번째 논문

기자　퀴리 부부의 첫 번째 논문의 역사적인 중요성은 뭔가요?

이렌　첫 번째 논문은 우라늄을 포함하고 있는 피치블렌드라는 광물이 내는 방사선이 우라늄이 방출하는 것보다 훨씬 강력하다는 사실을 발견한 거예요. 이 실험을 통해 퀴리 부부는 피치블렌드 속에 우라늄보다 더 강한 방사능을 가진 원소가 있지 않을까 생각하게 됩니다. 그들은 1898년 4월 9일부터 7월 16일까지 이 문제에 매달렸어요. 이 시기 동안 어머니는 새로운 원소를 발견하기 위해 잠자는 시간을 줄이면서 실험에 몰두했지요. 그리고 강력한 방사선을 내는 폴로늄이라는 원소를 발견하게 돼요.

　세상에서 가장 쉬운 과학 수업 방사선과 원소

이 논문의 역사적인 의의는 방사선을 내는 새로운 원소를 발견했다는 점이에요. 19세기에 헬륨, 아르곤과 같은 미지의 원소들이 발견되었지만 방사선을 내지는 않았거든요. 게다가 베크렐이 발견한 방사선은 기존의 원소인 우라늄에서 나온 것이었고요. 퀴리 부부의 폴로늄 발견은 주기율표를 완성하는 첫발을 내딛은 연구였어요. 그 영향으로 수많은 과학자들이 더 많은 방사성 원소를 발견하게 되었지요.

퀴리 부부의 두 번째 논문

기자　퀴리 부부의 두 번째 논문에는 어떤 내용이 담겨 있나요?

이렌　이 논문 역시 1898년에 발표되었어요. 폴로늄을 발견한 퀴리 부부는 피치블렌드 속에 더 강력한 방사선을 내는 물질이 있다는 것을 알고 이를 찾으려고 노력했어요. 그리고 라듐이라는 원소의 화합물이 방사선을 내는 물질임을 알아낸 것입니다.

기자　라듐을 단독으로 분리한 것은 아니었군요.

이렌　1898년에는 그랬지요. 하지만 어머니는 방사선을 내는 새로운 원소들에 대한 실험을 멈추지 않았어요. 아버지가 사고로 돌아가신 후에도 어머니는 라듐의 분리를 위한 실험을 지속했어요. 결국 1907년 라듐 금속을 단독으로 추출하여 라듐의 원자량을 알 수 있게 되었지요. 어머니는 이 업적으로 두 번째 노벨상인 노벨 화학상을 받았습니다.

기자　끈질긴 노력이 이룬 결과군요.

전쟁에서 빛난 마리 퀴리의 봉사

기자　마리 퀴리가 제1차 세계대전 때 봉사 활동을 벌였다고 하는데 구체적으로 어떤 활동이죠?

이렌　1914년 8월, 제1차 세계대전이 발발했어요. 전쟁이 일어난 지 한 달 뒤에 파리에 라듐 연구소가 세워졌고 어머니가 초대 연구소장이 되었지요. 하지만 연구원들이 징병되어 전장에 나가자 연구실이 잠시 문을 닫아야 하는 상황이었어요. 그런데 당시 전쟁터에서는 부상을 당한 병사들의 몸 어디에 총알이 박혔는지를 알 수 없어서 의사들이 곤혹스러워한다는 이야기가 전해졌지요. 그때 어머니는 자신의 지식을 사용하여 군사 방사선 센터의 설립과 부상자의 치료를 돕기로 결정했어요. 그리고 약 20대의 차량에 X선 장비를 실어 전선을 찾아다니며 병사의 몸에 박힌 파편 조각을 찾아 치료할 수 있게 도움을 주었어요. 그때 저는 17살이었는데 어머니를 도와 적십자사 간호사로 활동하며 다른 간호사들과 의사들에게 방사선과 X선 튜브 사용법을 가르쳐주는 일을 했지요.

기자　노벨 평화상을 받을 수도 있었겠네요.

　　　　　　세상에서 가장 쉬운 과학 수업 방사선과 원소

마리 퀴리의 연구가 과학사에 끼친 영향

기자　마리 퀴리의 연구는 과학사에 어떤 영향을 끼쳤나요?

이렌　스스로 방사선을 내는 두 개의 원소를 찾은 것은 대단한 업적이에요. 이로 인해 방사선이 무엇인가에 대한 연구들도 이루어지게 되었지요. 이후 영국의 러더퍼드는 자연에 세 종류의 방사선인 알파, 베타, 감마 방사선이 있다는 것을 알아냈어요. 또한 방사선이 시간에 따라 약해진다는 것도 발견되었지요.

기자　또 어떤 영향을 주었나요?

이렌　방사선은 위험하지만 의학에 이용할 수 있다는 것이 라듐 연구소를 통해 알려졌습니다. 어머니는 암을 치료하는 데 방사선이 도움을 줄 수 있다는 것을 처음 알아차리고 이 연구소를 세우신 거죠.

기자　방사선 치료의 시작이군요.

이렌　네, 맞아요. 어머니의 연구는 원자핵 속의 새로운 입자인 중성자를 발견하는 데도 큰 기여를 했어요. 그녀가 발견한 폴로늄에서 나오는 방사선을 베릴륨에 쪼여 중성자의 존재가 알려졌으니까요. 저 또한 어머니에게 배운 방사선에 대한 지식을 통해 제 남편과 함께 인공적으로 방사성 원소를 만드는 방법을 알아내 노벨 화학상을 받았답니다.

기자　정말 대단한 가문이군요. 지금까지 마리 퀴리의 폴로늄과 라듐 발견 논문에 대해 이렌 퀴리 박사님의 이야기를 들어 보았습니다.

첫 번째 만남

방전관에서 발견된 X선

백열전구를 발명한 사람들_ 더 밝게, 더 오래 빛나도록

정교수   이제 우리는 방사선과 원소의 발견이라는 20세기 초의 위대한 업적에 대해 이야기하려고 하네. 이러한 발견은 모두 전기 조명기구의 발전 과정으로부터 시작되지.

화학양   전기 조명기구라면 전구를 말하는 건가요?

정교수   정확하게는 전기를 이용한 조명기구를 뜻하네. 백열전구나 형광등이 대표적이야. 전기가 없던 시절에 사람들은 어둠을 밝히기 위해 등잔, 가스등, 양초, 석유램프 등을 사용했지.

화학양   그렇군요.

정교수   그런데 백열전구와 형광등은 서로 다른 원리에 의해 빛을 만들어 내네.

화학양   어떤 차이가 있나요?

정교수   백열전구는 전선의 끊어진 부분이 없지만 형광등에는 끊어진 부분이 있어. 먼저 백열전구에 대해 얘기해 볼까? 백열전구는 필라멘트라고 부르는 저항이 큰 물질에 전류를 흘려보내면 필라멘트가 뜨거워지면서 열과 빛을 내는 성질을 이용한다네. 자네, 백열전구를 발명한 사람은 누구로 알고 있나?

화학양   그야 에디슨이죠.

정교수   많은 사람들이 그렇게 알고 있지만 사실 백열전구를 최초로 발명한 사람은 영국 스코틀랜드의 과학자 린지일세. 그에 대해 알아볼까?

린지(James Bowman Lindsay, 1799~1862)

린지는 영국 스코틀랜드의 카밀리에서 농부의 아들로 태어났다. 어린 시절 그는 직조공으로 일하면서 독학했다. 아버지와 힘을 합쳐서 돈을 모은 린지는 세인트앤드루스 대학에 들어갔다. 수학과 물리학을 좋아했던 그는 졸업 후 1829년 와트 연구소에서 과학을 가르쳤다.

1835년 린지는 최초로 백열전구를 발명했다. 그는 여러 차례에 걸쳐 백열전구를 개량했지만 수명이 너무 짧고 열이 많이 난다든지 하는 단점 때문에 상품화하는 데는 실패한다.

발명을 좋아했던 린지는 백열전구에 대한 연구를 멈추고 바다를 통한 무선전신과 같은 다른 발명에 관심을 가졌다. 그래서 백열전구의 최초 발명자라는 사실이 사람들에게 많이 알려지지 않은 것이다.

화학양　그렇군요. 그럼 백열전구를 상업화할 수 있도록 다시 연구한 사람이 에디슨인가요?

정교수 그렇지 않네. 린지의 백열전구를 상업화할 수 있는 제품으로 처음 개량한 사람은 영국의 스완이야. 그가 한 일을 살펴보세.

스완은 영국의 팔리온에서 태어났다. 그는 어릴 때부터 자신의 주변에 있는 것들에 대한 호기심이 많았다. 그는 발명을 하기 위해 모슨 컴퍼니에 입사한다. 모슨 컴퍼니는 스완의 발명을 독려했다. 이 회사는 나중에 모슨-스완-모건 컴퍼니로 이름이 바뀌면서 1973년까지 존속하게 된다.

1850년 스완은 린지의 백열전구를 개량한다. 그는 필라멘트의 재

스완(Sir Joseph Wilson Swan, 1828~1914)

세상에서 가장 쉬운 과학 수업 방사선과 원소

료로 탄소 종이(탄소가 풍부하게 포함된 종이)를 사용했다. 당시의 기술로는 전구 속을 좋은 진공 상태로 만드는 데 어려움이 있어서 전구의 수명이 굉장히 짧았다. 하지만 1875년 스완은 탄소를 이용한 필라멘트 전구에 대하여 세계 최초로 특허를 신청한다.

화학양　백열전구의 발명자가 에디슨이 아니었군요.

정교수　그렇다네. 하지만 발명의 세계에서 에디슨을 무시할 수는 없지. 그의 유년기부터 이야기해 보겠네.

　에디슨은 1847년 미국 오하이오주 밀란에서 태어나 미시간주 포트휴런에서 자랐다. 그는 어린 시절부터 주위의 사물에 대한 호기심이 많았다. 에디슨은 초등학교를 몇 달 다니다 자퇴하고, 결혼 전 교사로 일했던 어머니에게 배웠다. 그의 어머니는 과학을 좋아하는 에

에디슨(Thomas Alva Edison, 1847~1931)

디슨에게 과학책을 사 주었고, 그는 혼자서 책을 읽으면서 과학을 깨우쳤다.

12살 때 에디슨은 한쪽 귀가 잘 들리지 않게 되었다. 그는 피아노를 깨물어 진동을 느끼는 방법으로 피아노 소리를 들을 수 있었다. 이때부터 에디슨은 거리에서 사탕이나 신문 등을 팔면서 돈을 벌었다. 후에 그는 전신기 특허로 큰돈을 벌어, 1876년 세계 최초의 민간 연구소로 알려진 멘로파크 연구소를 세웠다.

에디슨의 발명품은 굉장히 많아서 특허의 수도 1300여 개나 된다. 그가 발명한 대표적인 것으로는 자동 발신기, 축음기, 전화 송신기, 신식 발전기 등이 있다.

화학양 왜 사람들은 전구의 발명자를 에디슨으로 알고 있는 거죠?

정교수 에디슨이 스완의 전구 아이디어를 슬쩍해서 자신이 발명한 것처럼 발표했기 때문이야. 결국 전구에 대한 특허권을 가지고 있던 스완과의 재판에서 에디슨은 패소하게 되지. 그는 스완과 합작회사인 Edison & Swan United Electric Light Company를 차려 전구를 생산했네. 이 회사의 이름을 줄여서 에디스완(Ediswan)이라고 불렀어. 에디슨은 1929년 82세 때 백열전구 발명

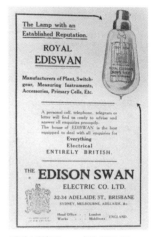

에디스완(Ediswan)의 전구 광고

세상에서 가장 쉬운 과학 수업 방사선과 원소

50주년 기념식에 참석하여 연설하고 난 뒤 병을 앓게 되었어. 그 후 병상에 누워 지내다가 1931년 84세의 나이로 세상을 떠났네.

화학양 에디슨이 전구에 대해 한 일은 없나요?

정교수 스완의 전구는 상업용으로 사용하기에는 수명이 너무 짧았어. 에디슨은 이 세상의 모든 물질로 필라멘트를 만들어 실험하는 열정으로 수명이 긴 전구를 제작했다네. 1879년 에디슨은 40시간 동안 빛나는 탄소 필라멘트 전구 실험에 성공했어. 그리고 그해 12월 3일 멘로파크 연구소에서 이 발명품을 세상에 공개하고, 다음 해에는 수명이 1500시간인 전구를 만들었지.

화학양 대단하네요. 그럼 우리가 지금 사용하는 전구의 필라멘트가 탄소인가요?

시연에 사용된 전구

정교수   그렇지는 않아. 1910년에 쿨리지(William D. Coolidge, 1873~1975)가 텅스텐 필라멘트를 발명해 더 밝고 수명도 긴 전구를 만들었는데, 그게 바로 현재 우리가 사용하는 전구라네.

데이비, 아크등을 발명하다 _ 전구보다 먼저! 세계 최초의 전기 조명기구

정교수   이제부터는 방전을 이용한 조명기구를 만든 사람들의 이야기를 해 보겠네. 방전은 두 전극 사이에 높은 전압을 걸어 주면 기체를 통해 전기가 흐르는 현상을 말하지. 방전을 이용한 최초의 조명기구는 영국의 과학자 데이비가 발명했어. 전구보다 먼저 등장했지. 우선 데이비의 인생은 어떠했는지 알아보세.

데이비(Sir Humphry Davy, 1778~1829)

데이비는 영국 콘월주 펜잰스에서 태어났다. 16세에 아버지를 여읜 후 그는 가족의 생계를 책임지기 위해 약제사의 조수가 되었다. 이때부터 데이비는 화학에 관심을 가지게 되었고, 1798년 프리스틀리의 기체 연구소에 들어갔다. 1800년 데이비는 프리스틀리가 발견한 아산화질소를 마취제로 쓸 수 있다고 주장했다. 이 기체를 들이마시면 안면 근육에 경련이 일어나 웃는 표정이 되었기 때문이다. 기체 연구소는 웃음 가스(소기, 笑氣)라고 불린 이 기체 덕에 유명해졌다.

볼타 전지가 개발된 뒤, 데이비는 전기 분해에 관심을 가지고 물의 전기 분해 연구에 몰두한다. 그는 금속이 포함된 화합물을 전기 분해하여 최초로 순수한 금속 나트륨, 금속 칼륨, 금속 마그네슘, 금속 스트론튬을 얻어 냈다.

데이비는 과학 매직 쇼에서 뛰어난 마술사처럼 시연을 하며 과학의 대중화에 앞장섰다. 런던의 사교계 인사, 지식층, 귀족들이 그의 강연을 듣기 위하여 몰려들었다.

데이비의 강연

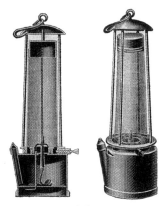

안전등

1813년 데이비는 조수 패러데이를 데리고 유럽 여행을 하였다. 귀국 후인 1816년에는 광부들이 안전하게 사용할 수 있는 안전등을 발명했다. 1820년에 그는 영국 왕립학회 회장이 되었고, 전기화학에 대한 연구에 앞장섰다. 하지만 1826년부터 건강이 나빠져 1829년 스위스 제네바에서 50세의 나이로 사망하였다.

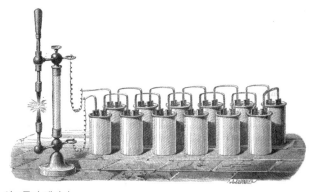

아크등과 배터리

세상에서 가장 쉬운 과학 수업 방사선과 원소

화학양   데이비가 발명한 조명기구는 뭔가요?

정교수   1800년에서 1809년 사이에 데이비는 두 개의 탄소 전극에 볼타 전지로 높은 전압을 걸어 전극이 뜨거워지면서 방전이 일어나는 등을 발명했어. 이것을 아크등이라고 하는데 세계 최초의 전기 조명기구이지.

화학양   두 전극 사이에 인공 번개를 만든 셈이군요.

정교수   정확하네. 아크등은 촛불 4000개 정도의 밝기를 냈는데 가정에서 사용하기에는 너무 밝다는 단점이 있었어. 게다가 부피가 크고 설치가 복잡했지. 그래서 아크등은 1870년대에 대도시의 가로등

가로등으로 사용된 아크등의 유지 보수

으로 사용되었네.

가이슬러와 방전관 _ 다양한 색깔과 모양으로 빛을 내다

정교수   데이비의 아크등과 달리 유리관 속에 희박한 기체를 채우고, 양 끝의 두 금속 전극을 높은 전압의 전원에 연결한 장치를 방전관이라고 부르네. 이때 방전에 의해 유리관 안에서 빛이 발생하는 조명기구가 되지.

화학양   형광등과 비슷하군요.

정교수   그렇네. 형광등도 방전관의 한 종류일세. 이러한 방전관을 처음 발명한 사람은 독일의 유리 세공업자이자 물리학자인 가이슬러야. 그가 어떻게 발명을 하게 됐는지 알아볼까?

가이슬러(Johann Heinrich Wilhelm Geissler, 1814~1879)

세상에서 가장 쉬운 과학 수업 방사선과 원소

가이슬러는 독일의 이겔쉬브에서 11명의 형제 중 첫째로 태어났다. 아버지가 유리 세공업자였기 때문에 그는 어릴 때부터 유리를 다루는 기술에 능통했다.

1852년부터 가이슬러는 본 대학에서 기구 개발자로 일했다. 어느 날 물리학과 교수인 플뤼커(Julius Plücker)는 그에게 유리관 안을 진공으로 만들어 달라고 부탁했다. 가이슬러는 유리관 안의 공기를 수은 펌프로 빼내, 압력을 대기압의 천 분의 일까지 낮췄다. 당시로서는 상당한 기술이었다.

1857년 가이슬러는 진공 유리관 안에 두 개의 전극을 설치하고 전원과 연결해 방전을 이용한 빛이 나오는 장치를 발명했다. 이것이 최초의 방전관인 가이슬러관(Geissler tube)이다.

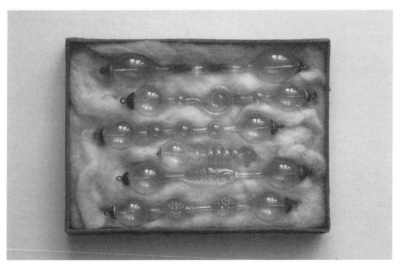

여러 가지 모양의 가이슬러관(출처: Alexey Iaa/Wikimedia Commons)

또한 가이슬러는 관 내부에 여러 종류의 기체를 넣어 다양한 색깔의 빛을 내는 조명기구를 발명했다. 가이슬러관을 이용한 조명기구는 인기가 좋아 여러 가지 모양으로 개발되어 귀족들의 장식품으로 사용되었다.

화학양 네온사인도 가이슬러관인가요?

정교수 그렇다네. 1898년 램지(Sir William Ramsay, 1904년 노벨화학상 수상)와 트래버스(Morris W. Travers)가 네온이라는 기체를 발견했어. 가이슬러관 속에 네온 기체를 채우면 붉은빛을 내는 네온사인이 되지. 최초의 네온사인은 1902년 프랑스의 공학자인 클로드(Georges Claude)가 발명했네.

그리고 1910년, 파리에서 열린 모터쇼에서 네온사인이 처음으로 사용되어 사람들을 깜짝 놀라게 했지.

파리 모터쇼 포스터

크룩스관의 등장 _ 방전관 속의 빛의 정체를 찾아서

정교수　지금까지는 방전관이 전구와 원리가 다른 조명기구에 불과했어. 이제 물리학자들이 등장할 차례야.

화학양　그게 무슨 말이죠?

정교수　바로 방전관의 빛의 정체를 찾는 문제라네. 이 과정에서 우리는 두 가지 놀라운 발견−X선과 전자의 발견−을 마주하게 될 거야. 방전관 속의 빛의 정체에 처음 관심을 가진 물리학자는 영국의 크룩스일세. 그에 대해 살펴보겠네.

　크룩스는 영국 런던에서 부유한 재단사의 아들로 태어났다. 그는 16세에 왕립 화학대학에 입학해 화학을 공부했다. 1859년 크룩스는 《Chemical News》라는 과학 잡지를 발간하고 자택에 연구소를 설치

크룩스(Sir William Crookes, 1832~1919)

해 여러 실험을 했다. 1861년 그는 황
산 제조 공장에서 나오는 찌꺼기로부
터 밝은 초록색 스펙트럼선을 내는 원
소를 처음 발견했는데, 이것이 바로 원
자번호 81번 탈륨이다. 탈륨이라는 이
름은 그리스어로 '초록색 작은 가지'를
뜻하는 thallos에서 따온 것이다. 크룩
스는 1869년에 크룩스관이라고 부르
는 방전관을 발명한다.

탈륨

화학양 유리관 안에 두 개의 전극이 있는 게 가이슬러관과 같지 않
나요?

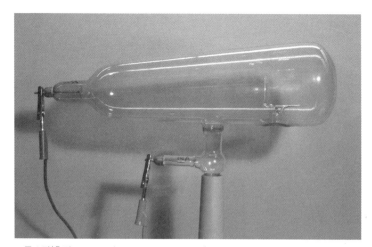

크룩스관(출처: D-Kuru/Wikimedia Commons)

세상에서 가장 쉬운 과학 수업 방사선과 원소

정교수 크룩스관은 가이슬러관보다 진공도를 더 높였다네. 가이슬러관의 공기 압력의 천 분의 일 수준(대기압의 십만 분의 일 수준)으로 공기를 유리관에서 빼냈지. 그리고 높은 전압을 걸어 보았더니 가이슬러관과 달리 크룩스관에서는 밝은 곳과 어두운 곳이 생겼어. 이것이 바로 가이슬러관과 크룩스관의 차이라네.

사실 크룩스관은 히토르프(Johann Wilhelm Hittorf), 플뤼커, 레나르트(Philipp Lenard)에 의해서도 비슷한 시기에 발명되었어. 따라서 히토르프관, 플뤼커관, 레나르트관이라고도 부르지. 하지만 제일 유명한 이름은 크룩스관이야.

한편 거의 비슷한 시기에 플뤼커와 히토르프 등은 크룩스관 속의 음극에서 양극으로 빔이 직선으로 뻗어 나오는 것을 관찰했어. 플뤼커는 자석을 방전관에 갖다 대면 빔이 휘어진다는 사실을 알아냈지. 1876년에 독일의 물리학자 골트슈타인(Eugen Goldstein)은 이 빔이 음극에서 나오기 때문에 '음극선'이라고 이름을 붙였네.

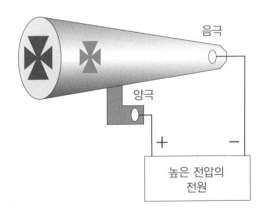

레나르트의 유리창_음극선의 비밀을 밝혀라

정교수 음극선은 크룩스관 안에 갇혀 있기 때문에 그 성질을 조사하는 데 어려움이 있었지. 이 문제를 해결한 사람은 독일의 물리학자 레나르트야. 이제 그의 발견에 대해 이야기해 볼게.

레나르트는 1862년 헝가리 제국의 프레스부르크에서 태어났다. 1880년 그는 오스트리아의 빈과 헝가리 부다페스트에서 물리와 화학을 공부했다. 1883년에는 독일 하이델베르크에서 박사 과정을 밟아 1886년에 박사 학위를 취득한다. 그 후 부다페스트, 아헨, 본 등 여러 도시의 대학에서 연구를 하다가 1907년에 하이델베르크 대학 교수가 된다.

그가 음극선에 관심을 가지기 시작한 건 1888년부터이다. 1892년 레나르트는 독일 본 대학에서 헤르츠 교수의 조교로 일하고 있었다.

레나르트(Philipp Eduard Anton Lenard, 1862~1947, 1905년 노벨 물리학상 수상)

세상에서 가장 쉬운 과학 수업 방사선과 원소

헤르츠는 음극선이 얇은 금속 막을 통과할 수 있다는 사실을 알고, 레나르트에게 이 연구를 좀 더 해 보라고 권했다. 레나르트는 크룩스관의 양극 부분에서 한쪽 유리를 떼어 내고 그 대신 알루미늄 막을 설치했다.

화학양   크룩스관에 유리창을 달았군요.

정교수   맞아. 그래서 이 부분을 레나르트 유리창이라 하고, 이 방전관을 레나르트 방전관이라고 부르지. 레나르트는 레나르트 유리창을 뚫고 나온 음극선이 인화지를 감광시킬 수 있고, 형광을 유발하며 자석에 의해 휜다는 것을 알아냈네.

화학양   형광이라면 형광등의 그것과 같은 뜻인가요?

정교수   그렇네. 특정 물질이 전자기파를 흡수해서 빛을 방출하는 현상을 형광(fluorescence)이라고 해. 이것과 비슷한 현상으로 인광(phosphorescence)이 있어.

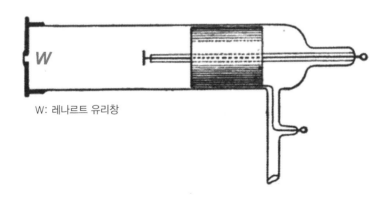

W: 레나르트 유리창

화학양 둘의 차이는 뭔가요?

정교수 형광은 물질에 전자기파를 보냈을 때만 빛이 나오네. 하지만 인광은 물질에 전자기파를 보낸 후 전자기파를 제거해도 발광이 지속되는 현상이야. 형광 현상을 보이는 물질을 형광 물질이라 하고, 인광 현상을 보이는 물질을 인광 물질이라고 하지.

화학양 형광등 속에는 형광 물질이 있겠군요.

정교수 형광등은 방전관이야. 그 속에는 수은 증기가 들어 있어. 형광등을 켜면 음극선이 튀어나와 수은 증기와 충돌하고 이때 자외선이 나오지. 형광등 안쪽에는 형광 물질이 발라져 있는데, 자외선이 형광 물질과 부딪치면서 눈에 보이는 빛이 나와 방 안을 환하게 밝혀주는 것이라네.

X선을 발견한 뢴트겐 _ 제1회 노벨 물리학상 수상자

정교수 이제 X선(X-ray)의 발견으로 제1회 노벨 물리학상을 수상한 뢴트겐의 이야기를 할 차례야.

뢴트겐은 1845년 독일의 레네프에서 직물업(옷감을 파는 가게)을 하는 부모의 외아들로 태어났네. 그의 아버지는 독일인이고 어머니는 네덜란드인이었지. 그래서 어려서부터 두 나라의 말을 배웠어. 세 살 때 그의 가족은 네덜란드의 위트레흐트로 이사를 갔네. 뢴트겐은 위트레흐트 기술고등학교에 다녔는데 1865년에 퇴학을 당했어.

뢴트겐(Wilhelm Conrad Röntgen, 1845~1923,
1901년 노벨 물리학상 수상)

화학양　무슨 사고를 친 거죠?

정교수　같은 반 친구가 선생님의 얼굴을 우스꽝스럽게 그려 그것을
쉬는 시간에 아이들이 돌려 보았네. 하필 뢴트겐이 그것을 보고 킥킥
대는 순간에 선생님이 교실로 들어와 그림을 빼앗았지. 선생님은 얼
굴이 붉으락푸르락하더니 뢴트겐에게 그림을 그린 사람의 이름을 대
라고 했어. 그는 누가 그렸는지 알고 있었지만 친구에 대한 의리 때문
에 끝끝내 이름을 말하지 않았지. 결국 선생님은 뢴트겐이 그 그림을
그려서 아이들에게 돌린 것으로 생각했고, 학교에서는 퇴학 처분을
내렸다네.

화학양　장난이 심각한 결과를 불러왔군요. 그런데 어디서 들어본 이
야기인 것 같아요.

정교수　아인슈타인을 말하는 건가?

화학양　맞아요. 그도 고등학교 때 퇴학을 당했지 않나요?

정교수 그렇지. 당시 독일의 고등학교는 규율이 엄격했다네. 독일과 마찬가지로 네덜란드에서도 고등학교 졸업장이 없으면 대학 진학이 불가능했지. 그래서 뢴트겐은 1865년 고등학교 졸업장이 필요 없는 스위스 취리히 연방공과대학(ETH) 기계공학과에 입학했어.

화학양 이것도 아인슈타인과 비슷하네요.

정교수 뢴트겐이 재수를 안 했다는 걸 제외하면 말이야. 대학 시절에 그는 여러 가지 물리 실험용 기기를 만들었어. 당시 물리학과의 쿤트 교수는 그가 만든 기기를 이용하여 실험을 하곤 했네. 1869년 뢴트겐이 기계공학으로 박사 학위를 받고 난 후 쿤트 교수는 그에게 물리학을 해 보라고 권유했지.

그때부터 뢴트겐은 쿤트 교수의 지도를 받아. 1874년에는 쿤트 교수를 따라 스트라스부르로 가서 교수 자격 과정을 이수했네. 하지만 퇴학을 당해 고등학교 졸업장이 없던 그는 정식 교수가 되지 못하고 번번이 좌절을 겪었어. 그래도 포기하지 않고 계속 교수직에 도전하여 1879년 마침내 기센 대학의 교수로 뽑혔지. 1888년에는 뷔르츠부르크 대학의 이론 물리학 교수가 되었네. 그는 고등학교 졸업장이 없는 최초의 독일 대학 교수였어.

화학양 대단하군요. 그런데 뢴트겐은 어떻게 X선을 발견했죠?

정교수 1895년까지 그는 별로 알려지지 않은 물리학자였어. 49편의 논문을 발표했지만 사람들의 주목을 끌 만한 것은 없었지.

당시 뢴트겐은 크룩스관이나 레나르트 방전관에 관심이 많았다.

손재주가 좋은 그는 쉽게 방전관을 제작할 수 있었다. 그리고 방전관에서 나오는 신비로운 빔에 반해, 깜깜한 실험실에서 자주 실험을 하곤 했다. 1895년 11월 8일 저녁 실험을 마친 뢴트겐이 전원을 끄고 방전관에 검은 천을 덮고 나오려는 순간, 실수로 스위치를 건드려 방전관이 작동되었다. 그런데 놀라운 일이 일어났다. 한쪽에 놓여 있던 형광 스크린이 반짝거리는 것이었다. 실험실 불을 껐는데도 말이다. 물론 방전관이 작동되었으므로 관 안에 푸르스름한 빔이 생겼겠지만, 검은 천으로 덮여 있어 그 빛이 밖으로 새어나오지는 못한다.

뢴트겐은 무엇이 형광 스크린을 깜박거리게 했을까 궁금했다. 그

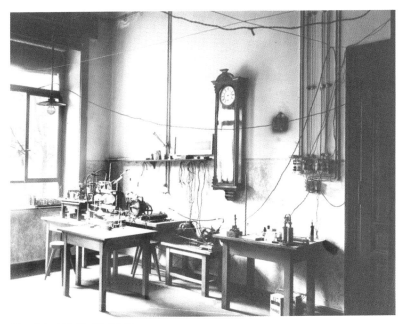

뢴트겐이 X선을 발견한 실험실

는 방전관에서 눈에 보이지 않는 어떤 빔이 검은 천을 뚫고 나와 형광 스크린에 도달했다고 생각했다. 뢴트겐은 정체를 알 수 없는 이 미지의 빔을 X선이라고 불렀다.[1]

화학양   X선의 발견은 우연한 결과이군요.
정교수   그런 셈이야. 그 후 뢴트겐은 X선의 성질을 알아내려고 많은 실험을 했지.

방전관과 형광 스크린 사이에 두꺼운 책을 놓고 방전관 스위치를 올리자 형광 스크린이 깜빡거렸다. 즉, X선이 책을 투과한 것이다. 실험에 사용한 책은 1000쪽 정도 되는 두께였다. 그는 다양한 물질들로 X선의 투과력을 테스트했다. 그 결과 X선이 백금으로 만든 판의 경우는 0.2mm, 납은 1.5mm, 나무는 20mm의 두께를 투과한다는 것을 발견했다. 이로써 물질이 단단할수록 X선이 투과할 수 있는 물체의 두께가 얇아진다는 것을 알아냈다. 뢴트겐은 X선을 사람에게 쪼이면 단단한 뼈는 뚫고 지나가지 못하고 살은 통과할 것이라고 생각하게 되었다. 그는 이 사실을 확인하기 위해 아내의 손뼈 사진을 X선으로 촬영했다.

X선은 손뼈를 통과하지 못하였지만 그 외의 부분은 통과하여 사진 건판을 하얀색으로 변하게 했다. 사진 건판에는 손뼈 부분만이 검고

---

1) 많은 사람들이 방정식에서 미지수를 X라고 두기 때문에 뢴트겐이 X선이라 이름을 붙였을 것으로 생각한다. 하지만 이 이름에 대해 뢴트겐이 언급한 적은 없다.

다른 부분은 하얗게 변해 버린 모습이 나타났다. 즉, 최초로 손뼈의 사진을 찍는 데 성공한 셈이었다.

화학양　최초의 X선 촬영을 한 사람이 뢴트겐의 아내였군요.

정교수　그렇지. 뢴트겐은 실험 결과를 모아서 그해 12월 28일 뷔르츠부르크 물리학회지에 〈새로운 광선에 대하여〉라는 제목으로 논문을 발표했어. 이 논문으로 뢴트겐은 많은 사람의 입에 오르내릴 정도로 유명해졌지. 1896년 1월 4일 독일 물리학회 50주년 행사에서 그는 X선에 대해 강연했고 많은 과학자의 주목을 끌었네. 과학자들 못지않게 의사들의 관심도 대단했어. 그들은 뢴트겐 부인의 손뼈 사진을 보고 X선이 사람 몸속의 뼈 사진을 찍을 수 있는 좋은 의료기기가 될 것을 확신했지. 그래서 뢴트겐은 여러 병원을 돌면서 X선에 대한 강연을 해주었네.

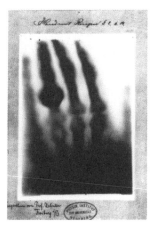

X선으로 촬영한 뢴트겐 부인의 손

당시 유명한 전기회사에서 X선에 대한 특허를 사려고 했어. 하지만 뢴트겐은 "X선은 모든 인류의 것이지 나의 것은 아니다"라며 그 제안을 거절했네. 그가 특허를 내지 않은 덕에 누구나 무료로 X선을 이용할 수 있게 되었지.

화학양 진정한 학자였네요.

정교수 X선의 발견은 큰 파장을 몰고 왔어. X선은 외과 수술에서 중요한 역할을 하게 되네. 1896년 1월 20일 베를린의 어느 의사는 X선을 이용하여 손가락에 박힌 유리 조각을 꺼냈지. 같은 해 2월 7일 영국의 한 의사는 X선으로 어떤 소년의 두개골에 박힌 총알을 꺼내는 데 성공했네. 방사선 의학으로 알려진 분야가 X선의 발견으로 싹트게 된 거야.

한편 X선으로 촬영한 뢴트겐 부인의 손뼈 사진을 본 일반 시민들은 충격에 휩싸였네. 특히 여자들의 경우는 더 그랬는데, X선이 사람의 알몸을 들여다보는 투시력을 가졌다고 여기고 외출을 꺼리는 소동까지 벌어졌지.

화학양 재미있는 해프닝이었군요.

정교수 그런데 X선을 최초로 발견한 사람은 뢴트겐이 아니라 크룩스가 될 뻔했네.

화학양 그건 무슨 말이에요?

정교수 크룩스는 실험 도중 크룩스관 주변에 아무렇게 놓아두었던 사진 건판이 흐려지는 것을 확실히 발견했다고 해. 그러나 그는 그것이 방전관에서 나온 미지의 빔에 의한 것이 아니라, 불량한 사진 건판을 구입했기 때문이라고 생각했네. 물리학에서는 누구나 볼 수 있는 자연 현상을 어떻게 옳게 해석하는가가 중요해. 크룩스는 X선이 사진 건판을 흐리게 만든 것을 보고도 올바른 해석을 하지 못해 그게 새로운 발견인 줄 몰랐던 거지.

노벨상의 탄생 _ 인류에 공헌한 사람들에게

화학양   노벨상은 어떻게 생겨난 건가요?
정교수   알프레드 노벨의 유언으로 노벨상이 제정되었어. 우선 그가 어떤 삶을 살았는지 알아보겠네.

  알프레드 노벨은 1833년 10월 21일 스웨덴 스톡홀름에서 태어났다. 그의 아버지는 발명가이자 엔지니어인 임마누엘 노벨(Immanuel

알프레드 노벨(Alfred Bernhard Nobel, 1833~1896)

Nobel, 1801~1872)이다. 그는 크림 전쟁 당시 기뢰와 지뢰를 개발하여 러시아군에 납품했다.

크림 전쟁은 1853년 10월부터 1856년 2월까지 크림반도에서 벌어진 것으로, 이때 러시아는 오스만 – 프랑스 – 영국 – 사르디니아 왕국이 결성한 동맹군에 패배했다. 1855년 영국군은 임마누엘 노벨이 발명한 수중 기뢰 때문에 어마어마한 피해를 입었다. 하지만 전쟁에서 진 러시아는 그에게 금전적 보상을 하지 못했고, 승리한 연합군은 그의 무기 공장을 파산시켰다.

크림 전쟁 전까지 알프레드 노벨의 집은 부유했다. 그는 개인 교사를 통해 화학과 영어, 프랑스어, 독일어 및 러시아어 등을 공부했다. 어린 시절 알프레드 노벨은 아버지의 영향으로 무언가를 만드는 것

발라클라바에서 러시아군에 돌격하는 영국 기병대

세상에서 가장 쉬운 과학 수업 방사선과 원소

을 좋아했는데 특히 폭약에 관심을 가졌다. 그는 아버지에게 폭약의 원리를 배웠다. 어느 날에는 그가 깡통에 화약을 채워 넣고 터트려서 온 동네를 난리가 나게 한 적이 있었다고 한다.

알프레드 노벨은 스웨덴어, 프랑스어, 러시아어, 영어, 독일어, 이탈리아어를 능숙하게 구사했다. 청년이 된 그는 두 형과 함께 러시아의 바쿠 유전을 개발하여 큰돈을 벌었다. 그 돈으로 니트로글리세린을 이용한 폭약 사업을 시작했다. 1864년 9월 공장이 폭발해서 5명이 사망하는 사고가 발생하자 노벨은 호수 위에 배를 띄우고 그곳에 공장을 차렸다.

그 후 그는 폭약을 안전하게 만드는 연구를 했다. 마침내 1866년 노벨은 다이너마이트를 발명했다. 다이너마이트는 광산 개발이나 무기로 사용되었다. 본격적으로 쓰이기 시작한 것은 프랑스와 프로이센의 전쟁이었다. 노벨은 다이너마이트 발명으로 엄청난 돈을 벌었다.

노벨이 죽은 후 막대한 재산을 두고 친척들이 서로 차지하려 소송을 했지만, 결국 그의 뜻대로 노벨상이 만들어지게 되었다. 노벨은 노벨상을 제정한 이유를 다음과 같이 설명한다.

"내가 만든 다이너마이트의 군사적 사용에 회의감을 느꼈고, 인류에 공헌하기 위해 재산을 기부하여 노벨상을 만든다."

– 노벨

노벨의 유언장은 물리학, 화학, 생리학 또는 의학, 문학, 평화 분야에서 '인류에게 가장 큰 혜택'을 주는 사람들에게 상을 수여한다고 명시하고 있다. 이 상은 노벨상으로 불리며, 노벨의 재산을 관리하고 상을 수여하기 위해 노벨 재단이 설립되었다.

노벨상 메달

이렇게 제정된 노벨상 물리 분야에서 뢴트겐은 제1대 노벨 물리학상 수상자가 된다. 이때 그와 경쟁을 벌인 사람들은 베크렐, 레나르트, 톰슨, 레일리, 제이만, 마르코니, 발스 등 쟁쟁한 물리학자들이다. 이들도 나중에 노벨 물리학상을 수상한다. 그런데 뢴트겐의 노벨상 수상이 결정되자 가장 화를 낸 사람은 레나르트였다.

화학양　왜 그런 건가요?

정교수　뢴트겐은 레나르트의 알루미늄 창을 가진 방전관으로 X선을 발견했네. 또한 그에게 실험 방법을 직접 가르쳐 준 사람도 바로 레나르트였지. 그런데 뢴트겐이 노벨상 수상 연설에서 자신을 언급하지 않아 화를 낸 것이었어. 하지만 그는 뢴트겐을 더 이상 시기하지 않아도 되었지. 레나르트 또한 1905년에 노벨 물리학상을 타게 되니까 말이야.

X선의 정체를 밝힌 사람들 _ 노벨상을 놓친 불운한 천재 물리학자

정교수   노벨상은 죽은 사람에게는 수여하지 않아.

화학양   그건 왜죠?

정교수   죽은 학자들 중에 뛰어난 사람들이 너무 많아서 그렇지. 그들에게 노벨상을 주면 새로운 연구를 한 과학자들이 차례를 기다려야 하기 때문이야.

화학양   하긴 갈릴레이, 뉴턴, 하위헌스 등 노벨상을 수상할 사람들이 셀 수 없군요.

정교수   그래서 노벨상을 탈 만한 성과를 내고도 사망해서 수상을 놓친 사람들도 있다네. 이번에는 그 이야기를 하려고 해.

화학양   어떤 사연인지 궁금하네요. 그런데 앞에서 뢴트겐이 발견한 X선의 정체는 뭔가요?

정교수   바로 빛이야. X선은 파장이 너무 짧아 인간의 눈으로는 볼 수 없어. 우리 눈에 보이는 빛을 가시광선이라고 하는데 이 중 파장이 제일 짧은 것은 보랏빛이야. 보랏빛보다 파장이 짧아지면 눈에 안 보이는 자외선이 되지. 자외선보다 파장이 더욱 짧아진 빛이 바로 X선이라네.

화학양   이것도 뢴트겐이 알아냈나요?

정교수   그렇지 않아. 이 사실은 독일의 물리학자 라우에가 발견했어. 이제 그에 대해 자세히 이야기하겠네.

라우에(Max Theodor Felix von Laue, 1879~1960,
1914년 노벨 물리학상 수상)

라우에는 독일 라인강 변의 아름다운 도시 코블렌츠에서 태어났
다. 그는 1899년부터 스트라스부르 대학교와 괴팅겐 대학교에서 수
학, 물리, 화학을 공부했다. 그리고 1902년에 뮌헨 대학교에서 막스
플랑크 교수의 지도 아래 물리학을 공부하여 1903년에 박사 학위를
취득하고, 1905년에는 막스 플랑크 연구소의 조교가 되었다. 그 후
스위스 취리히 대학교, 독일 프랑크푸르트 대학교와 베를린 대학교
의 교수를 지냈다. 1951년에는 베를린에 있는 막스 플랑크 물리화학
연구소의 소장이 되었다.

X선의 정체를 궁금하게 여기던 라우에는 이를 연구하기로 결심했
다. X선 발견 후 여러 과학자들은 X선이 혹시 전자기파(빛)가 아닐까
하는 의심을 하였다. 라우에 역시 비슷한 생각을 품고 있었다.

정교수 파동이 가진 여러 가지 성질 중에 회절이라는 것이 있네.

세상에서 가장 쉬운 과학 수업 방사선과 원소

화학양 그게 뭔가요?

정교수 예를 들어 여자아이와 남자아이 사이에 판이 놓여 있다고 생각해 보게. 그리고 판의 왼편에 있는 여자아이가 남자아이 쪽으로, 즉 판의 중심을 향해 공을 던진다고 가정하지.

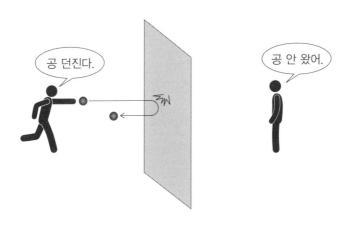

이때 공은 판에 부딪힌 후 다시 여자아이 쪽으로 튕겨가게 되네. 이것은 공이 입자이기 때문이야.

화학양 당연한 것 아닌가요?

정교수 하지만 파동이라면 상황은 달라지지. 이번에는 음파를 던지는 경우를 생각해 보게.

화학양 음파를 던진다는 게 무슨 말이죠?

정교수 자네가 이해하기 쉽게 설명하려고 내가 만든 말이야. 만약 여자아이가 판의 중심에 대고 "야!" 하고 소리를 지르면 어떻게 될까?

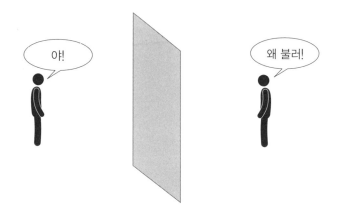

이때는 남자아이가 여자아이의 소리를 듣게 되지. 여자아이가 보낸 음파가 장애물을 돌아서 남자아이의 귀에 전달됐기 때문이야. 이렇게 장애물(판)이 있어도 그것을 돌아서 파동이 전달되는 성질을 파동의 회절이라고 부른다네.

빛은 파동이므로 다음 그림과 같이 회절 현상을 일으킨다.

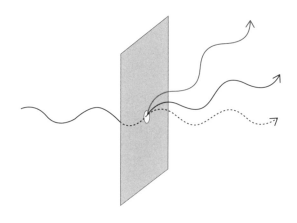

물결파도 파동이므로 회절 현상을 일으킨다.

물결의 회절 현상(출처: Verbcatcher/Wikimedia Commons)

만약 X선이 어떤 구멍을 통과하면서 회절 무늬가 생긴다면 X선이 파동이라는 것을 증명하는 셈이다. X선은 전기장을 걸어 주어도 휘어지지 않으므로 전기를 띠지 않는다. 그러므로 X선이 파동이라면 전자기파(빛)가 된다.

화학양 X선이 회절을 일으킬 수 있는 구멍을 만드는 게 중요하겠어요.
정교수 물론이야. 다행히 자연에는 이런 구멍을 가진 물질이 있지.
화학양 그게 뭔가요?
정교수 바로 광물 결정이야. 결정 속에는 원자들이 일정한 간격으로 배열되어 있어. 그러니까 원자와 원자 사이에 작은 구멍이 생기는 셈이지. 이 구멍을 통과하는 X선이 회절 무늬를 만든다면 이는 X선이 빛이라는 증거가 되네.

라우에는 황화아연 결정에 X선을 쪼이자 X선이 회절하여 사진 건판에 규칙적인 모양이 형성되는 것을 발견했다. 이 회절 무늬를 라우에 반점이라고 부른다. 각 광물마다 특유한 반점을 가지고 있으므로 이것에 의하여 결정의 원자 배열 상태를 알 수 있다.

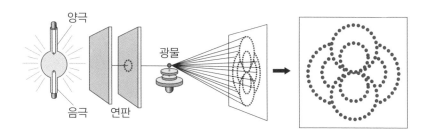

이 실험을 통해 라우에는 X선이 파장이 약 10^{-10}m인 전자기파(빛)라는 것을 알아냈다. 이 업적으로 그는 1914년 노벨 물리학상을 받았다.

화학양 앞에서 말한 불운한 천재 물리학자가 라우에는 아니군요.
정교수 그렇다네. 지금부터 얘기할 과학자는 모즐리야.

모즐리(Henry Gwyn Jeffreys Moseley, 1887~1915)

모즐리는 영국의 웨이머스에서 태어났다. 그의 아버지는 옥스퍼드 대학의 생물학자이면서 동시에 해부학과 심리학 교수였다. 하지만 그는 모즐리가 어릴 때 세상을 떠났다. 모즐리는 이튼 칼리지에서 공부했고 졸업 때 화학과 물리에서 우등상을 받았다.

1906년 모즐리는 옥스퍼드 대학교에 진학한다. 1910년 대학 졸업 후에는 맨체스터 대학으로 자리를 옮겨 러더퍼드의 지도를 받아 연구를 했다. 그는 러더퍼드가 장학금 조건으로 내건 학부생을 위한 강의가 싫어서, 장학금을 포기하고 1914년 다시 옥스퍼드 대학으로 자리를 옮겼다.

1913년 X선과 원자 사이의 관계를 연구하던 모즐리는 놀라운 결과를 찾아냈다. 원자에서 나오는 X선의 진동수를 조사했더니 원자번호와 관계가

이튼 칼리지

있었다. 원자에서 나오는 X선의 진동수를 ν라 하고 원자번호를 Z라고 할 때, Z가 $\sqrt{\nu}$에 비례함을 알아낸 것이다. 이것을 모즐리의 법칙이라고 부른다.

화학양　놀라운 발견이네요.

정교수　하지만 모즐리는 노벨상을 받지 못했어.

화학양　왜요?

정교수　1914년 제1차 세계대전이 발발하자 모즐리는 연구를 중단하고 군에 입대했다네. 가족과 친구들의 만류에도 그는 나라를 위해 군인으로 싸우는 것이 자신의 의무라며 영국군의 통신장교가 되었지. 1915년에서 1916년 사이에 영국과 프랑스의 연합군이 튀르키예의 갈리폴리반도에 침공을 감행했어. 이 작전은 연합군이 10만여 명 전사하는 실패로 끝났지. 모즐리 중위는 1915년 8월 10일 갈리폴리 전투에서 적군인 튀르키예군이 쏜 총탄에 맞아 사망했어. 그래서 그는 노벨상을 받을 수 없었다네.

화학양　슬픈 사건이네요.

정교수　모즐리가 죽은 후 비슷한 연구를 했던 영국의 물리학자 바클라가 X선과 원자번호의 관계에 대한 발견으로 1917년 노벨 물리학상을 수상하네.

바클라(Charles Glover Barkla, 1877~1944, 1917년 노벨 물리학상 수상)

화학양　전쟁에서 죽지 않았다면 모즐리가 타야 하는 상이었겠죠?

정교수　물론이야. 하지만 노벨상 수상 원칙 때문에 모즐리는 상을 받을 수 없었지.

화학양　그렇게 되었군요.

●

전자의 발견과
전하량 측정

톰슨과 캐번디시 연구소 _ 실험 물리학에 대한 투자와 노벨상 수상

정교수　이제 우리는 전자의 발견에 관해 이야기할 거라네.

화학양　갑자기 왜 전자 이야기인가요?

정교수　전자는 방전관 때문에 발견되었거든. 우선 전자를 발견해 노벨 물리학상을 받은 톰슨에 대하여 알아보세.

톰슨은 1856년 12월 18일 영국 맨체스터 근교의 치덤 힐에서 태어났네. 그의 아버지는 서점을 운영했지. 톰슨은 내성적인 성격에 독실한 기독교 신자였어. 1870년 그는 14살에 맨체스터 대학교에 입학하였네.

화학양　어린 나이에 대학에 갔군요. 물리학과에 들어갔나요?

정교수　톰슨은 공학을 전공했어. 그는 부모의 뜻대로 기관차 제조업

톰슨(Sir Joseph John Thomson, 1856~1940, 1906년 노벨 물리학상 수상)

　세상에서 가장 쉬운 과학 수업 방사선과 원소

체인 샤프, 스튜어트 앤드 컴퍼니에 입사하기를 원했지만, 아버지가 1873년에 돌아가시면서 경제적으로 어려워져 계속 공부를 할 수가 없었네. 그는 장학금을 받을 수 있는 학교를 생각했어. 그래서 1876년 케임브리지 트리니티 칼리지(Trinity College)의 수학 및 이론 물리학과에 입학하네.

화학양　케임브리지 대학을 말하는 건가요?

정교수　케임브리지는 도시의 이름이야. 런던에서 기차로 40분 정도 북쪽으로 가면 케임브리지가 나타나는데 이곳은 유명한 대학 도시라네. 케임브리지에는 킹스 칼리지, 퀸스 칼리지, 존스 칼리지, 트리니

트리니티 칼리지

티 칼리지 등 수많은 칼리지가 있어. 이 모든 칼리지를 합쳐 케임브리지 대학이라고 부르네. 여러 개의 칼리지 중에서 트리니티 칼리지는 물리의 역사에서 아주 중요하지.

화학양　그건 왜죠?

정교수　위대한 물리학자 뉴턴이 바로 트리니티 칼리지 출신이고 이곳의 교수였어. 스티븐 호킹 역시 이 칼리지 출신이고 이 대학의 교수였네. 트리니티 칼리지는 34명의 노벨상 수상자와 4명의 필즈상 수상자를 배출했지.

화학양　대단하군요.

정교수　톰슨은 이렇게 훌륭한 대학에서 1880년에 수학 졸업시험을 2등으로 통과하네. 대학 졸업 후 그는 실험 물리를 배우기 위해 캐번디시 연구소로 자리를 옮기지.

화학양　캐번디시 연구소도 케임브리지 대학에 있나요?

정교수　물론이야. 이 연구소는 1874년 영국에서 처음 만들어진 실험 물리학 교실일세.

캐번디시 연구소가 만들어지기 전까지 영국의 물리학은 수학을 중심으로 연구하는 이론 물리학이었다. 영국은 1851년 만국박람회 이후 실용적인 과학에 눈을 돌린다. 프랑스나 독일에 비해 실험 물리 분야가 약했기 때문이다. 1870년 철강 산업으로 큰돈을 번 데번셔 공작 윌리엄 캐번디시를 위원장으로 하는 왕립 과학 교육위원회가 발족했다. 윌리엄 캐번디시가 사재를 털어 케임브리지 대학에 만들어

데번셔 공작 윌리엄 캐번디시
(William Cavendish, the Duke of Devonshire, 1808~1891)

준 실험 물리학 교실이 바로 캐번디시 연구소이다.

캐번디시 연구소로 인해 영국은 실험 물리학 분야에서도 많은 노벨상을 받게 되었다. 이 연구소의 초대 소장은 전기자기학의 방정식을 만든 맥스웰이 맡았고, 2대 소장은 레일리(1904년 노벨 물리학상 수상)이다. 톰슨은 레일리에게서 실험 물리에 대해 배운다. 그 후 1884년 28세의 젊은 나이에 3대 소장이 되었다. 그는 35년 동안이나 연구소 소장으로 일하면서 러더퍼드(1908년 노벨 화학상 수상), 브래그(1915년 노벨 물리학상 수상), 보른(1954년 노벨 물리학상 수상) 등의 제자들을 가르쳤다.

전자의 발견 _ 음극선은 왜 휘어질까?

정교수 톰슨의 전자 발견 이야기를 하기 전에 아일랜드의 물리학자 스토니를 언급할 필요가 있겠군.

스토니는 전해질에서 양이온이 음극에, 음이온이 양극에 달라붙는 전기 분해 과정을 연구했다. 그 과정에서 그는 최소의 전하량을 가진 입자가 존재해야 한다고 주장했고, 이 입자에 전자(electron)라고 이름을 붙였다.

한편 톰슨은 플뤼커가 발견한 내용을 떠올렸다. 즉, 자석을 방전관에 갖다 대면 음극선이 휘어지는 것 말이다. 톰슨은 왜 음극선이 자석이 만든 자기장에 의해 휘어지는가에 강한 의문을 품었다. 그는 음극선이 공통의 전하량을 가진 입자들의 흐름이라고 생각했다. 그리고 전자기학의 법칙을 이용해 이 입자의 전하량과 질량의 비 값을 알아

스토니(George Johnstone Stoney, 1826~1911)

세상에서 가장 쉬운 과학 수업 방사선과 원소

냈다. 톰슨은 이 입자를 미립자라고 불렀다. 하지만 이후 물리학자들은 미립자보다는 스토니가 붙인 이름인 '전자'를 쓰기로 결정했다. 앞으로 우리는 전자라는 이름을 사용할 것이다.

화학양 톰슨은 어떻게 전자의 전하량과 질량의 비 값을 알아낸 거죠?

정교수 그게 지금부터 할 이야기야. 이제 우리는 톰슨의 1897년 논문 속으로 들어가네. 다음은 논문에 등장하는 음극선 발생 장치의 그림이야.

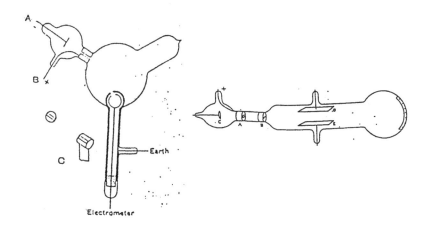

톰슨은 전자들의 흐름인 음극선이 전기장에 대해서도 휘어지지 않을까 생각했다. 그는 바로 실험에 착수했다. 우선 음극선이 지나가는 길에 두 개의 평행한 금속판을 설치하고 전선에 연결했다. 이때 아래쪽 판은 전지의 양극, 위쪽 판은 전지의 음극과 연결되었다. 다음 그

림은 스위치를 열었을 경우이다.

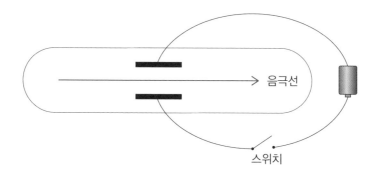

이때는 두 금속판으로 전류가 흘러들어가지 않는다. 그리고 음극선은 전기력을 받지 않으니까 직선으로 움직인다. 톰슨은 스위치를 닫아 보았다.

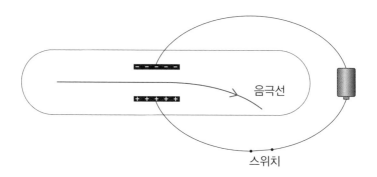

화학양 음극선이 휘어지는군요.

정교수 음극선을 이루고 있는 전자가 전기를 띠기 때문이야. 양의 전기를 띤 금속판 쪽으로 휘어지는 것은 전자가 음의 전기를 띤다는 걸 의미하지.

이렇게 각각 양의 전기와 음의 전기를 띤 금속판을 마주 보게 하면 전기장이 발생한다. 전기장은 E라고 쓰는데 그 방향은 양의 전기를 띤 금속판에서 음의 전기를 띤 금속판으로 향한다.[2]

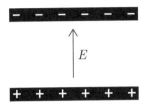

전기장은 양의 전기를 띤 입자를 밀어내고 음의 전기를 띤 입자를 잡아당기는 성질이 있다. 이 속에 양의 전기를 띤 입자가 있으면 전기장에 의해 위로 밀쳐지는 힘을 받는다. 반대로 음의 전기를 띤 입자가 이 속에 있으면 아래로 당겨지는 힘을 받는다. 전자는 음의 전기를 띠고 있어 아래쪽으로 당겨지는 힘을 받으므로 포물선을 그리며 휘어지게 된다.

이제 구체적으로 톰슨이 전자의 전하량과 질량의 비를 찾아낸 원리를 살펴보자. 앞으로 전자의 전하량의 크기를 e라고 하겠다. 전기를 띤 입자가 전기장 속에 있으면 힘을 받는다. 양의 전기를 띠는 입자는 전기장 방향으로 힘을 받고, 음의 전기를 띠는 입자는 전기장과 반대 방향으로 힘을 받는다. 이때 힘을 전기력이라고 하는데 그 크기는 전하량의 크기와 전기장의 크기의 곱이다.

---

2) 톰슨의 논문에서는 전기장을 F로 나타냈다.

화학양　전자는 음의 전기를 띠고 있으니까 아래쪽으로 힘을 받겠군요.

정교수　그렇지. 그러니까 전자가 받는 힘의 크기를 F라고 하면

$$F = eE \tag{2-2-1}$$

가 되네.

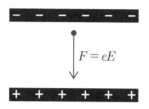

　음극선에서 튀어나온 전자의 속도는 수평 방향이고 전자가 받는 힘은 아래쪽 방향이다. 이제 수평 방향을 x, 아래쪽 방향을 y로 나타내겠다. 그리고 전자의 수평 방향 속도를 v_x, 아래쪽 방향 속도를 v_y라고 하자.[3]

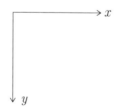

　전자는 x방향으로는 힘을 받지 않으니까 음극선에서 튀어나온 속도는 일정하다.

---

3) 톰슨의 논문에서는 v_x를 v로 나타냈다.

　세상에서 가장 쉬운 과학 수업 방사선과 원소

$$v_x = (일정)$$

하지만 y방향으로는 일정한 힘 $F = eE$를 받으므로 뉴턴의 운동방정식을 쓰면

$$ma_y = eE$$

이다. 여기서 m은 전자의 질량을 나타내고, a_y는 y방향의 가속도이다. 위 식에서

$$a_y = \frac{eE}{m} \qquad\qquad\qquad (2\text{-}2\text{-}2)$$

가 된다. 그런데 y방향의 가속도는 y방향의 속도를 시간에 대해 미분한 것이므로

$$a_y = \frac{dv_y}{dt} \qquad\qquad\qquad (2\text{-}2\text{-}3)$$

가 된다. 식 (2-2-2)와 (2-2-3)으로부터

$$\frac{dv_y}{dt} = \frac{eE}{m} \qquad\qquad\qquad (2\text{-}2\text{-}4)$$

이다. 이것은

$$v_y = \frac{eE}{m}t \qquad\qquad\qquad (2\text{-}2\text{-}5)$$

임을 의미한다. 톰슨은 음극선이 휘어지는 각도를 측정했다. 시간 t 동안 전기장을 걸지 않았을 때 전자가 움직인 거리를 l, 전기장을 걸었을 때 이 시간 동안 전자가 양의 전기를 띤 판 쪽으로 떨어진 거리를 h, 전자가 휜 각도를 θ라고 하면 다음 그림과 같다.

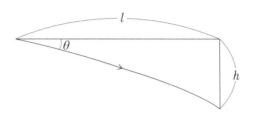

이때 전자가 실제로 움직인 방향과 x방향, y방향의 속도를 그림으로 나타내면 다음과 같다.

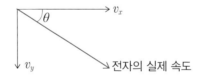

따라서 우리는

$$\tan\theta = \frac{v_y}{v_x}$$

(2-2-6)

라는 관계를 얻는다. 식 (2-2-5)를 식 (2-2-6)에 넣으면

세상에서 가장 쉬운 과학 수업 방사선과 원소

$$\tan \theta = \frac{eE}{mv_x}t \qquad\qquad (2\text{--}2\text{--}7)$$

가 된다. 한편 x방향으로는 일정한 속력으로 움직이므로 시간 t 동안 움직인 거리는

$$l = v_x t \qquad\qquad (2\text{--}2\text{--}8)$$

이다. 식 (2-2-8)을 식 (2-2-7)에 넣으면

$$\frac{e}{m} = \frac{v_x^2}{El}\tan\theta \qquad\qquad (2\text{--}2\text{--}9)$$

가 된다. 여기서 평행판의 길이나 휜 각은 측정 가능하다. 또한 거리가 d만큼 떨어져 있는 평행판에 걸린 전압으로부터 전기장을 계산할 수 있다.

화학양 v_x는 어떻게 구하나요?

정교수 톰슨은 다시 플뤼커의 실험을 떠올렸네.

화학양 방전관에 자석을 갖다 대면 음극선이 휘어진다는 것 말인가요?

정교수 바로 그거야. 톰슨은 음극선이 전기장으로 휘어진 정도만큼을 자석이 만든 자기장에 의해 반대 방향으로 휘어지게 하면, 음극선이 직진하게 만들 수 있지 않을까 생각했어.

화학양 전기장이 만든 전기력과 자기장이 만드는 자기력이 평형을 이루게 하면 되겠군요.

정교수 그렇지. 톰슨은 다음과 같이 방전관 옆에 자석을 설치했네.

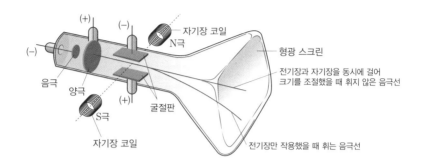

자석이 만드는 자기장의 크기를 B라고 하겠네. 자기장의 방향은 N극에서 S극으로 향하지. 이것을 옆에서 보면 다음과 같아.

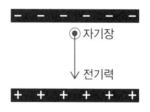

화학양 ⊙는 뭔가요?

정교수 자기장의 방향일세. 책 위로 튀어나오는 방향을 그렇게 나타낸다네. 만일 책 속으로 들어가는 방향일 경우에는 ⊗로 표시하지. 화살의 머리 부분과 꼬리 부분을 떠올리면 되네.

화학양 화살이 책 위로 튀어나오는 방향이군요.

정교수 그렇지. 이제 전하량의 크기가 e인 전자가 자기장 속에 있을 때 받는 힘(자기력)을 구해 보겠네. 전하량의 크기가 q인 입자가 속도 v로 움직일 때, 속도와 수직인 방향으로 자기장 B를 걸어 주면 이 입자가 받는 자기력의 크기는

$$F_{자기} = qvB \qquad\qquad (2\text{-}2\text{-}10)$$

라는 것이 실험 결과로 알려져 있지.

화학양　자기력의 방향은 어떻게 되나요?

정교수　입자가 양의 전기를 띠고 있으면 속도의 방향에서 자기장의 방향으로 오른손을 감아쥐었을 때 엄지손가락이 가리키는 방향이야.

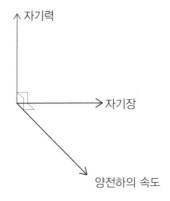

만일 입자가 음의 전기를 띠고 있다면 자기장의 방향에서 속도의 방향으로 오른손을 감아쥐었을 때 엄지손가락이 가리키는 쪽이 자기력의 방향이다.

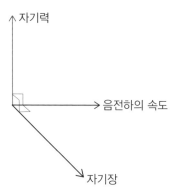

음극선은 음의 전기를 띤 전자로 이루어져 있으므로 자기력의 방향은 위쪽이 된다.

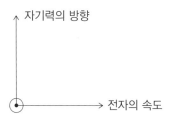

이렇게 전기장과 자기장을 동시에 걸어 주면 전자는 위쪽 방향으로 자기력

$$F_{자기} = ev_xB \quad \uparrow$$

를 받고, 아래쪽 방향으로 전기력

$$F_{전기} = eE \quad \downarrow$$

세상에서 가장 쉬운 과학 수업 방사선과 원소

를 받는다. 두 힘의 크기가 같으면 평형을 이루어 전자에 작용하는 힘의 합력은 0이다. 그러면 관성의 법칙에 따라 전자는 휘어지지 않고 같은 속력으로 움직인다. 톰슨은 자기장을 적당히 잘 조정해서 두 힘이 평형이 되도록 했다. 이때

$$ev_xB = eE \qquad\qquad (2\text{-}2\text{-}11)$$

이므로

$$v_x = \frac{E}{B} \qquad\qquad (2\text{-}2\text{-}12)$$

이다. 즉, 음극선이 직진할 때의 자기장을 측정하여 v_x의 값을 알 수 있게 된 것이다. 톰슨의 방법으로 전자의 전하량과 질량의 비를 구하면

$$\frac{e}{m} = 1.7588 \times 10^{11}(\mathrm{C} \cdot \mathrm{kg}^{-1})$$

이다.

전자의 전하량을 측정한 밀리컨 _ 물방울 대신 기름방울로!

정교수　이제 전자의 전하량을 처음으로 알아낸 물리학자 밀리컨의 이야기를 해 보세. 밀리컨은 1868년 3월 22일 미국 일리노이주의 모리슨에서 목사 부부의 둘째 아들로 태어났네. 그는 오벌린 대학에 진학해 고전학으로 학사 학위를 받았어. 또한 그리스어와 수학을 좋아하는 학생이었지.

화학양　물리학과를 나온 게 아니군요.

정교수　그렇다네. 밀리컨이 대학 2학년을 마칠 즈음, 그리스어 교수가 그에게 기초 물리학을 강의해 보라고 제안했어. 처음에는 물리를 전혀 모르니까 못하겠다고 했지만, 교수의 거듭된 설득에 결국 그 수업을 맡기로 했지. 그는 방학 동안 에이버리가 쓴 《물리학 강요》를 완벽하게 공부해 1889년에 기초 물리학을 강의했네. 이것이 인연이 되어 밀리컨은 대학원을 물리학과로 진학하지. 그리고 미국 뉴욕에

밀리컨(Robert Andrews Millikan, 1868~1953, 1923년 노벨 물리학상 수상)

　　　　　세상에서 가장 쉬운 과학 수업 방사선과 원소

있는 컬럼비아 대학에서 물리학 박사 학위를 받았어. 그는 컬럼비아 대학 물리학과 1호 박사라네.

이후 밀리컨은 독일 베를린 대학과 괴팅겐 대학에서 2년 동안 공부했지. 그러다 마이컬슨 교수의 초청으로 시카고 대학에 새로 설립된 라이어슨 연구소의 조수가 되었어. 그가 본격적으로 전자의 전하량 실험을 하기 시작한 것은 시카고 대학의 교수로 부임하기 전인 1909년부터였지.

당시 톰슨은 상자 속에 전기를 띤 물방울이 중력에 의해 낙하할 때 전기장을 걸어 주어 물방울이 받는 중력과 전기장이 평형을 이루면, 물방울이 띤 전하량을 측정할 수 있을 것으로 생각했네. 하지만 톰슨의 실험은 실패로 돌아갔지. 물방울이 너무 빨리 증발해 버려서 실험이 제대로 되지 않은 탓이었어.

화학양 이 문제를 해결한 사람이 밀리컨인가요?

정교수 물론이야. 1909년 밀리컨은 박사 과정 학생이었던 플레처 (Harvey Fletcher)와 이에 대한 연구를 제대로 시작하네. 플레처는 물방울 대신 기름방울을 사용하면 증발 문제를 해결할 수 있다고 주장했어. 이렇게 해서 기름방울을 이용한 전자의 전하량 측정 실험이 시도되었지.

화학양 기름방울은 전기를 띠고 있지 않은데 어떻게 전하량을 측정하지요?

정교수 기름방울에 X선을 쪼여 기름방울이 음의 전기를 띠게 했어. 다음은 밀리컨의 논문에 나오는 기름방울 실험 장치 그림이야.

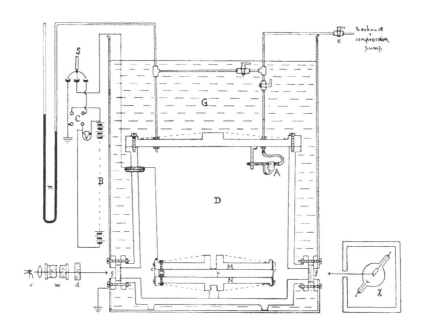

이 그림을 좀 더 간단하게 나타내면 다음과 같다.

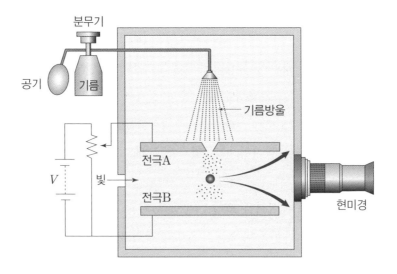

세상에서 가장 쉬운 과학 수업 방사선과 원소

밀리컨은 양의 전극판[4]과 음의 전극판을 평행으로 놓았다. 그리고 양의 전극판에 있는 작은 구멍을 통해 음의 전기를 띤 기름방울이 평행한 전극판을 통과하는 모습을 현미경으로 관찰했다. 처음에는 두 전극판에 전지를 연결하지 않았다. 이때 전기를 띤 기름방울은 전기력을 받지 않는다. 하지만 질량이 있으므로 중력을 받는다. 기름방울의 질량을 m이라 하고 중력 가속도를 g라고 하면 기름방울이 받는 중력은 mg가 된다.

구멍을 통해 떨어지는 기름방울은 중력뿐만 아니라 공기의 저항을 받는다. 공기의 저항은 중력과 반대 방향이고 그 크기는

$$(저항) = Kv$$

가 된다. 여기서 v는 물체가 낙하하는 속도이고 K는 공기저항계수라고 부른다. 그러므로 기름방울의 운동방정식은

$$ma = mg - Kv \tag{2-3-1}$$

이다. 우리는 내려가는 방향의 힘을 양수, 올라가는 방향의 힘을 음수로 썼다. 이렇게 공기저항을 받으면 물체의 낙하 속도는 언젠가 일정해진다. 이 속도를 낙하하는 물체의 끝 속도라고 부른다.

화학양　그건 왜죠?

---

4) 건전지의 양(+)극과 연결된 전극판

정교수 높은 데서 떨어지는 물체의 속도는 시간에 따라 증가하네. 지구에서 물체의 낙하 속도는 시간에 비례해서 커지지. 그런데 수십 킬로미터 높이에서 떨어지는 빗방울을 맞으면서 우리는 아프다고 느끼지 않아. 공기저항이 없다면 우리 머리에 닿을 때의 빗방울 속도는 무지무지하게 커야 하네. 하지만 아주 높은 데서 떨어지는 빗방울은 공기의 저항에 의해 어떤 일정한 속도(그리 크지 않은 속도)로 떨어지기 때문에 빗방울을 맞아도 아프지 않은 거야.

화학양 시간이 한참 흐르면 기름방울이 일정한 속도로 낙하한다는 뜻인가요?

정교수 그렇지. 그 상황이 되면 기름방울의 가속도가 0이라네. 이것은 공기저항과 중력이 평형을 이루기 때문이야. 이때의 속도(기름방울의 끝 속도)를 v_1이라고 두면 식 (2-3-1)로부터

$$mg = Kv_1 \qquad\qquad\qquad (2\text{-}3\text{-}2)$$

이 되네.

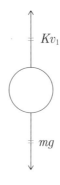

세상에서 가장 쉬운 과학 수업 방사선과 원소

화학양　왜 시간이 흐르면 기름방울이 일정한 속도에 도달하죠?

정교수　공기저항은 공기 분자와의 충돌이야. 중력에 의해 떨어지는 물체가 공기와 충돌해 에너지를 다 뺏기고 나면 물체에는 더 이상 힘이 작용하지 않아. 물체에 작용하는 합력이 0이므로 물체의 가속도가 0이 되어 속도가 일정해지는 거지.

화학양　그렇군요. 그럼 전기장을 걸어 주면 어떻게 되나요?

정교수　기름방울이 음의 전기를 띠고 있으므로 전기장 E를 걸어 주면 기름방울은 위에 있는 양극판 쪽으로 가려고 하네. 즉, 위로 향하는 전기력을 받아서 기름방울은 위로 올라가게 되지. 그런데 공기저항의 방향은 기름방울의 운동 방향과 반대이므로 아래쪽 방향이야. 물체가 위로 올라가는 방향의 힘을 양수, 아래로 내려가는 방향의 힘을 음수로 쓰고, 기름방울이 가진 전하량의 크기를 q라고 하면 기름방울이 만족하는 운동방정식은

$$ma = qE - mg - Kv \qquad\qquad (2\text{-}3\text{-}3)$$

가 되네. 밀리컨은 전기장의 세기를 조정해서 기름방울이 정지하는 순간의 속도를 측정했어. 이것을 v_2라고 하면 v_2는 전기력, 중력, 공기저항이 평형을 이룰 때의 속도가 되지. 이때 기름방울의 가속도는 0이므로

$$0 = qE - mg - Kv_2 \qquad\qquad (2\text{-}3\text{-}4)$$

가 되어,

$$qE = mg + Kv_2 \qquad\qquad (2\text{-}3\text{-}5)$$

라네.

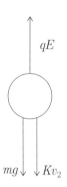

따라서 기름방울의 전하량의 크기는

$$q = \frac{K(v_1 + v_2)}{E} \qquad\qquad (2\text{-}3\text{-}6)$$

일세.

화학양 하지만 공기저항계수를 모르지 않나요?

정교수 기름방울은 공 모양이야. 공 모양인 물체의 공기저항계수는 1851년 영국의 물리학자 스토크스(Sir George Gabriel Stokes, 1819~1903)가 알아냈어. 반지름이 a인 물체가 점성계수가 η인 유체 속에서 받는 저항계수는

$$K = 6\pi\eta a \qquad\qquad (2\text{-}3\text{-}7)$$

라네. 그러니까 기름방울이 띤 전하량의 크기는

$$q = \frac{6\pi\eta a (v_1 + v_2)}{E} \qquad (2\text{-}3\text{-}8)$$

가 되지. 밀리컨은 현미경으로 기름방울의 반지름과 점성계수를 측정하여 기름방울이 가지는 전하량을 구할 수 있었지.

화학양　기름방울이 가진 전하량이 전자의 전하량인가요?

정교수　그렇지 않아. 극판으로 떨어지는 기름방울은 여러 개의 이온화된 분자의 결합이야. 따라서 식 (2-3-8)에서 구한 전하량이 전자 하나의 전하량이라고 볼 수 없어. 또 몇 개의 이온화된 분자들이 결합했는가도 알 수 없다네.

화학양　그럼 어떻게 전자의 전하량을 구한 거죠?

정교수　우리가 쌀 한 톨의 질량을 잰다고 생각해 보게. 정밀한 실험용 디지털 저울이 있으면 간단하게 질량을 잴 수 있겠지. 그러나 그런 저울이 없다면 어떻게 쌀알 하나의 질량을 알 수 있을까?

　쌀을 그릇에 적당히 퍼서 질량을 재고 다시 한 그릇 퍼서 질량을 재는 방법을 써 보자. 이런 식으로 여러 번 질량을 잰 후에 이 값들의 최대공약수를 구하면 그것이 쌀알 하나의 질량이 된다. 이것이 무엇을 의미하는가를 좀 더 쉽게 설명해 보겠다. 똑같이 생긴 구슬 여러 개를 준비하자. 구슬 하나의 무게가 3g이라고 하면 구슬 다섯 개의 무게는 15g, 일곱 개는 21g, 열 개는 30g이 된다. 이때 구슬 한 개의 무게는 15g, 21g, 30g의 최대공약수인 3g이다.

밀리컨은 이 방법을 적용했다. 그는 여러 개의 기름방울에 대해 전하량을 구해 보았고, 이 값들이 어떤 일정한 값의 배수임을 알게 되었다. 바로 이 일정한 값이 전기량의 최소 단위이고 전자의 전하량이다. 밀리컨은 기름방울에 대한 58개의 데이터를 논문에 게재했다. 이를 통해 전자의 전하량이 1.59×10^{-19}C임을 밝혔다. 이 값은 현재 정확한 실험에 의한 전자의 전하량인 $1.602176634 \times 10^{-19}$C과 거의 비슷하다. 이것과 톰슨의 결과를 연립하면 전자의 질량은 약 9.1×10^{-31}kg이 된다. 밀리컨은 전자의 전하량을 측정한 공로로 1923년 노벨 물리학상을 수상한다.

화학양　대단한 업적이군요.

정교수　하지만 밀리컨은 두 가지 사건으로 명성이 훼손되고 말았어. 첫 번째는 데이터 조작 사건이야.

화학양　무슨 말이죠?

정교수　밀리컨이 죽은 후 그의 실험실에 있는 기름방울 실험에 관한 연구 노트를 조사했더니, 논문에 게재되지 않은 더 많은 데이터가 있었다는 것이 발견되었네. 그의 연구 노트에는 175개의 데이터들이 있었는데, 그중 자신에게 유리한 데이터 58개만 골라서 논문을 완성했다는 얘기가 돌았지.

화학양　그건 명백한 연구 윤리 위반 아닌가요?

정교수　사실이라면 그렇지. 그 후 새로운 조사 결과가 나왔어. 밀리컨이 버린 데이터들은 실험 조건을 충족하지 않은 상태에서 나온 것들이라는 거지. 데이터를 게재하지 않은 이유도 그의 노트에 충분하게 설명되어 있다는 게 알려져, 밀리컨은 데이터를 입맛대로 요리했다는 비난에서 벗어났다네.

화학양　또 하나는 뭔가요?

정교수　제자인 플레처에 관한 사건이네.

화학양　어떤 일이죠?

정교수　플레처는 밀리컨의 첫 제자였어. 그에 대해 좀 더 이야기해볼게.

1907년 브리검 영 대학을 졸업한 플레처는 시카고 대학 대학원에 입학 신청을 했다. 그런데 시카고 대학에서는 브리검 영 대학에서의 학업을 인정할 수 없다며 플레처에게 시카고 대학에서 학부 4년을 더 공부하라고 했다. 낙심한 그는 당시 시카고 대학 조교수인 밀리컨에

플레처(Harvey Fletcher, 1884~1981)

게 상의하러 갔다. 사정을 듣고 가엾게 생각한 밀리컨은 학부 과정과 병행해 대학원 연구생으로 등록해 대학원 과정을 공부해 보는 게 어떻겠냐고 제안했다. 연구 실적이 좋으면 입학위원회가 학부 과정을 줄여줄 수 있을 거라는 얘기도 해주었다. 플레처는 열심히 연구했으며, 결국 학부 과정을 1년 만에 마치고 대학원생이 되었다.

1909년 플레처는 박사 논문 주제를 상의하러 밀리컨 교수의 방에 들렀다. 그때 그는 밀리컨이 전자의 전하량을 측정하는 실험에 몰두해 있는 것을 보았다. 밀리컨은 플레처에게 자신의 연구를 도와주면서 전자의 전하량 측정을 박사 논문 주제로 하라고 했다. 당시 톰슨을 비롯한 많은 과학자들이 전기를 띤 물방울을 낙하시켜서 전하량을 구하려는 시도를 했지만 물이 빨리 증발해 좋은 결과를 낼 수 없었다. 밀리컨 역시 물방울로 실험을 하고 있었다.

플레처는 이 문제를 고민하다가 밀리컨 교수에게 기름방울을 이용하면 어떻겠냐는 제안을 했다. 그의 제안을 받아들인 밀리컨은 기름방울을 이용해 실험에 성공하게 되었다.

정교수 그런데 사건은 여기서부터 시작돼.

화학양 어떤 사건인데요?

정교수 보통의 경우 실험에 성공하는 데 결정적인 역할을 한 사람은 논문의 저자가 된다네.

화학양 플레처가 논문의 저자가 되지 못했다는 것인가요?

정교수 그렇다네. 밀리컨은 전자의 전하량을 알아낸 유명한 논문을 단독 저자로 게재했어. 그 논문에 플레처의 이름은 없었지. 전자의 전하량을 발견한 최초의 논문에 플레처의 이름이 있었다면 노벨상 수상위원회는 밀리컨과 플레처를 공동 수상자로 결정했을 거야.

화학양 정말 억울했겠군요.

정교수 그랬던 것 같아. 플레처가 세상을 떠난 다음 해인 1982년 《Physics Today》라는 저널에 〈밀리컨의 기름방울 실험에 대한 나의 역할〉이라는 제목의 글이 실렸어. 이 글은 플레처가 친구에게 자신이 죽은 후 이 저널에 투고해 달라고 부탁해서 게재된 것일세.

기고문에서 플레처는 자신이 기름방울 실험에서 한 일들을 아주 자세하게 기록했어. 이 글은 한 물리학자의 유서이자, 충분히 노벨 물리학상을 받을 만한 연구를 했는데도 상을 받지 못한 한이 서려 있지. 글을 읽어 보면 전자의 전하량 측정 실험에서 플레처는 엄청난 역할을 했음을 알 수 있다네.

화학양 공동 저자로 충분하다는 말인가요?

정교수 플레처의 글대로라면 그렇지. 하지만 이 기고문이 실렸을 때 밀리컨, 플레처 두 사람 모두 죽은 후였기 때문에 진실은 알 수 없네.

화학양 얼마나 억울했으면 유서를 저널에 게재하려고 했을까요.

세 번째 만남

●

20세기 최고의 여성 과학자
마리 퀴리

우라늄에서 방사선을 발견한 베크렐 _ 4대가 물리학자인 집안

정교수   본격적으로 마리 퀴리의 이야기를 하기 전에 그녀의 스승인 베크렐이 한 일을 살펴봐야겠네.

베크렐은 물리학자 가문의 사람이야. 그의 할아버지인 앙투안 세자르(Antoine César Becquerel)는 프랑스 에콜 폴리테크니크(École Polytechnique)를 나와 나폴레옹 전쟁에 참전한 후 파리 국립 자연사 박물관의 물리학 교수를 지냈네. 그는 인광에 대해 여러 가지 연구를 했지. 베크렐의 아버지 알렉상드르 에드몽(Alexandre-Edmond Becquerel)도 에콜 폴리테크니크를 졸업한 후 국립 자연사 박물관의 교수가 되어 형광에 대한 연구를 주로 했어. 아들인 장(Jean Becquerel)도 물리학자가 되었으니 4대가 물리학자인 집안이지.

화학양   대단한 가문이군요.

베크렐(Antoine Henri Becquerel, 1852~1908, 1903년 노벨 물리학상 수상)

정교수   1828년부터 1908년까지 80년 동안 프랑스 과학 아카데미에는 최소한 한 명의 베크렐, 어떤 때에는 두 명의 베크렐이 있었다네.

베크렐 가문은 대대로 파리 국립 자연사 박물관 근처에 살았다. 베크렐은 1852년에 프랑스 파리에서 태어났다. 어릴 적부터 아버지의 실험실에서 노는 것을 좋아했던 그는 자연스럽게 형광과 인광에 친숙해졌다. 그는 고등학교를 졸업하고 에콜 폴리테크니크에 진학했다가, 2년 뒤에 토목 학교로 옮긴 후 수학과 토목공학을 공부했다. 1876년에 토목 학교를 졸업한 후에는 에콜 폴리테크니크의 조교로 잠시 근무했으며, 이듬해 교량과 도로를 담당하는 국토부의 기술직 공무원이 되었다.

그는 공무원 생활을 하면서 파리 대학교 이과대학의 박사 과정에도 등록했다. 그리고 편광된 빛에 대한 자기장의 효과를 연구하여 1888년에 박사 학위를 받았다. 1891년 아버지가 죽으면서 베크렐은 할아버지와 아버지의 뒤를 이어 국립 자연사 박물관의 교수가 되었다.

훗날 베크렐은 다음과 같이 회고했다.

연구실의 베크렐

"뉴턴이 거인들의 어깨 위에 섰다고 표현한 것처럼 나의 연구는 아버지와 할아버지 덕택에 이루어진 것이었다."

― 베크렐

화학양　3대가 같은 곳에서 교수가 되다니! 가문의 영광이군요!

정교수　베크렐의 방사능 연구는 독일 과학자인 뢴트겐이 발견한 X선에 대한 관심에서 시작되었어. 베크렐은 X선과 물질의 형광 또는 인광 현상 사이에 어떤 관계가 있지 않을까 생각했네. 혹시 형광이나 인광을 일으키는 물질이 X선을 방출하는 것은 아닐까 여긴 거지. 그는 여러 가지 형광 또는 인광 물질로 실험해 보았지만 번번이 실패했네.

화학양　포기한 건가요?

정교수　그랬다면 노벨상을 타지 못했겠지. 베크렐은 좀 더 강하게 형광 또는 인광을 내는 물질을 찾았어.

화학양　그게 뭔가요?

정교수　우라늄염이었네.

화학양　우라늄과는 다른 건가요?

정교수　우라늄염은 다른 말로 옐로케이크(yellowcake)라고도 부르네. 우라늄 농축액의 일종으로, 우라늄 광석을 가공하는 중간에 생성되는 물질이야. 우라늄염은 물에 녹지 않는 굵은 가루로 추출되는데 이 가루의 대부분은 산화우라늄이지.

베크렐은 우라늄염으로 실험을 다시 시작했다. 그리고 1896년 2월 24일에 실험 결과를 다음과 같이 발표했다.

나는 하루 종일 햇빛을 쪼여도 빛이 들어갈 수 없도록 사진 건판을 두 장의 두꺼운 검은 종이로 쌌다. 그 종이 위에 우라늄염이 포함된 인광 물질을 올려놓았다. 그리고 몇 시간 동안 햇빛에 노출시켰다. 사진 건판을 현상해 보니 인광 물질의 그림자가 검게 나타났다. 인광 물질과 사진 건판 사이에 얇은 유리를 넣고 같은 실험을 했다. 이번에도 인광 물질의 그림자가 검게 나타났다. 이는 인광 물질에서 눈에 안 보이는 미지의 빔이 방출되는데 그 빔이 두꺼운 검은 종이를 투과한 것으로 볼 수 있다. 이것은 기존의 빛이 아니다. 기존의 햇빛은 두꺼운 검은 종이를 투과할 수 없기 때문이다.

화학양　우라늄염이 포함된 인광 물질에서 종이를 투과하는 빔이 나온 거군요.

정교수　그렇네.

화학양　햇빛에 노출시켰기 때문에 일어난 현상인가요?

정교수　베크렐도 처음에는 그렇게 생각했어. 그의 얘기를 들어 보세.

나는 2월 26일과 27일에 같은 실험을 또 해 보려고 했다. 하지만 날이 흐려서 실험을 포기하고 인광 물질과 사진 건판을 서랍에 넣어 두었다. 인광 물질 위에 두꺼운 검은 종이로 에워싼 사진 건판을 올려 둔 채. 3월 1일 나는 검은 종이를 뜯고 사진 건판을 보았다. 햇빛이 닿지 않는 서랍 속에 있었기 때문에 인광 물질의 그림자가 희미할 거라고 생각했다. 놀랍게도 그림자는 햇빛이 있었을 때와 똑같이 선명했다. 나는 이 미지의 빔은 인광 물질 속에 포함된 우라늄에서 나온 것이며, 인광과는 무관한 현상이고 두꺼운 종이를 투과하는 성질이 있다고 결론을 내렸다.

베크렐은 이 실험 결과를 논문으로 발표했다. 그가 발견한 빔은 X선과는 다른 것이었다. 그 후 베크렐은 인광 현상을 보이지 않는 우라

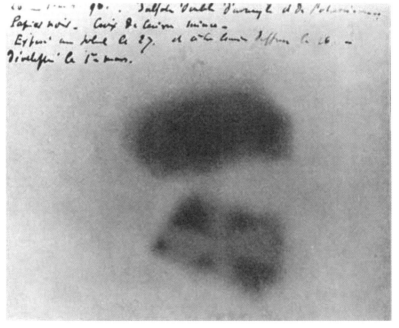

베크렐의 사진 건판 이미지

세상에서 가장 쉬운 과학 수업 방사선과 원소

늄염으로 실험해 보았다. 이번에도 역시 같은 결과를 얻었다. 베크렐은 이 미지의 빔이 우라늄 자체에서 나오는 투과력이 있는 것으로, 인광 현상과는 무관함을 보인 셈이다.

이 빔은 베크렐선(Becquerel ray)으로 불렸다가 나중에 마리 퀴리에 의해 방사선(radioactive rays)이라는 이름이 붙었다. 하지만 베크렐선은 X선의 인기에 가려 사람들의 주목을 받지 못했다. 베크렐 또한 우라늄 이외의 다른 물질에 대한 실험으로 자신의 발견을 확장하는 데는 실패했다. 그 일은 바로 그의 제자인 마리 퀴리와 남편 피에르 퀴리에 의해 이루어진다.

베크렐은 1908년 1월에 프랑스 과학 아카데미의 회장으로 추대되었다. 그리고 몇 개월 뒤인 같은 해 8월 25일 심장마비로 세상을 떠나고 말았다. 그의 이름은 현재 방사능 세기의 단위(Bq)로 사용된다.

폴란드의 마리아 스크워도프스카_ 역경에도 꺾이지 않은 학업에의 열정

정교수 이제 우리는 이 책의 주인공인 마리 퀴리의 이야기를 자세히 다룰 예정이야.

화학양 재밌겠군요.

정교수 마리 퀴리는 노벨상을 수상한 최초의 여성, 첫 여성 물리학과 교수, 처음으로 노벨상을 두 번 수상한 여성 등 그 앞에 붙는 수식어가 화려한 20세기 최고의 여성 과학자라네.

마리 퀴리(Marie Curie, 1867~1934,
1903년 노벨 물리학상, 1911년 노벨 화학상 수상)

화학양　과학을 사랑하는 여학생들의 롤 모델이죠.

정교수　맞아. 마리 퀴리는 결혼한 후 붙은 이름이고 원래는 마리아 스크워도프스카(Maria Skłodowska)야. 지금부터는 마리아라고 부르겠네. 마리아는 폴란드의 수도 바르샤바에서 태어났어. 당시에 폴란드는 독립하기 전으로 러시아 제국의 영토였지. 먼저 그녀가 어떤 환경에서 자랐는지 알아보세.

　마리아의 아버지 브와디스와프(Władysław Skłodowska)는 물리와 수학을 가르치는 선생님이자 학교 교장이었다. 어머니 브로니스와바(Bronisława Skłodowska)는 귀족 가문의 여학생들을 위한 사립학교 교장이었으며, 마리아가 태어난 후 교장을 그만두었다. 마리아는 1남 4녀의 막내로 태어났다. 오빠의 이름은 유제프(Józef)이고, 세 언니의 이름은 조피아(Zofia), 브로냐(Bronia)와 헬레나(Helena)이다. 부모님 두 분 모두 교육자였기에 마리아의 어린 시절은 다른 집

　세상에서 가장 쉬운 과학 수업 방사선과 원소

아이들보다는 부유한 편이었다.

그러다 1876년에 큰언니 조피아가 발진 티푸스에 걸려 죽고 2년 후인 1878년, 마리아가 열 살 때 어머니가 폐결핵으로 사망했다. 엎친 데 덮친 격으로 아버지가 학교에서 실직을 당하고, 그동안 모은 돈을 잘못 투자해 모두 날렸다. 그때부터 마리아의 집은 궁핍해졌다.

이러한 역경 속에서도 마리아는 열심히 공부했다. 당시 폴란드는 러시아의 지배를 받고 있어서 학교에서 폴란드어와 폴란드 역사를 배울 수 없었다. 그녀는 수업 시간에 몰래 독학으로 폴란드 역사를 공부했다. 모든 과목에서 우수한 성적을 낸 그녀는 1883년 바르샤바 국립 여학교를 1등으로 졸업하며 우등상인 금메달을 수상했다.

스크워도프스카 가족. 아버지와 딸 마리아, 브로냐, 헬레나(왼쪽부터)

화학양　마리아는 고등학교를 졸업하고 파리로 간 건가요?

정교수　그렇지는 않아. 그녀는 폴란드에서 대학을 다니고 싶어 했어. 하지만 러시아의 지배에 있던 폴란드는 여자들의 대학 입학을 불허했지.

　마리아는 언니 브로냐와 무척 친했다. 브로냐 역시 의학 공부를 해서 의사가 되고 싶었지만 폴란드에서는 불가능한 일이었다. 대학에 갈 수 없었던 브로냐와 마리아는 폴란드 독립운동가들이 주관한 Flying University[5]에서 폴란드어와 폴란드 역사를 가르치는 활동을 했다.

마리아(왼쪽)와 브로냐

---

5) 우리나라의 야학처럼 생각하면 된다.

　　　　세상에서 가장 쉬운 과학 수업 방사선과 원소

두 사람은 공부를 계속 이어가기 원했다. 프랑스 유학을 먼저 결심한 것은 언니 브로냐였다. 당시 프랑스의 대학은 여학생들의 입학을 허용했다. 마리아는 언니의 프랑스 유학 자금을 모으기 위해 입주 가정교사로 들어간다. 그녀의 지원으로 브로냐는 프랑스 파리의 의과대학에 입학한다.

마리아는 가정교사로 일하던 집의 장남인 조라프스키(Kazimierz Zorawski)와 사랑에 빠지게 되었다. 그러나 사회적인 계급 차이로 집안의 반대에 부딪쳐 그녀의 첫사랑은 실패로 돌아간다.

화학양 마리아에게도 첫사랑이 있었군요.

정교수 마리아와 결혼에 실패한 조라프스키는 수학 박사가 되어 크라쿠프 대학의 교수가 되었지. 1890년에 폴란드 물리학자인 드우스키(Kazimierz Dłuski)와 결혼한 브로냐는 마리아에게 파리로 유학 오라고 권유했네. 하지만 마리아는 유학 자금이 없었어. 그녀는 1년 반 동안 개인 가정교사를 열심히 해서 간신히 돈을 마련했지. 또 그동안 산업 농업 박물

산업 농업 박물관

관의 실험실에서 연구할 기회를 제공받아서 화학 실험에 힘을 쏟았
다네.

파리의 여대생 마리, 피에르 퀴리를 만나다_연구와 인생의 단짝

정교수 마리아가 24살이던 1891년 10월 30일, 그녀는 파리 북역에
도착하네. 그리고 소르본 대학 근처에 방을 얻지.

마리아는 그해 11월 3일 이학부에 등록하네. 당시 소르본 대학의 여
학생은 2퍼센트 미만이었어. 이때 마리아는 자신의 이름을 프랑스식
인 마리(Marie)로 바꾸었지. 이제부터는 마리아 대신 마리라는 이름
을 사용하겠네.

마리는 밤에는 가정교사를 하면서 돈을 벌고 낮에는 공부에 매달렸

24살의 마리

어. 그래서 1893년에 물리학 과정을 수석으로 마치고 1894년에는 수학 과정을 3등으로 마치게 되네.

화학양　대단하군요!

정교수　1893년부터 마리는 리프만(Gabriel Lippmann, 1845~1921, 1908년 노벨 물리학상 수상) 교수의 지도로 자성[6]에 대한 연구를 했네. 하지만 자성은 그녀가 잘 알지 못하는 분야였어. 그러자 리프만 교수는 자성의 권위자인 피에르 퀴리를 소개해 주었지. 이제 피에르 퀴리에 대해서 알아볼까?

피에르 퀴리(Pierre Curie, 1859~1906,
1903년 노벨 물리학상 수상)

피에르 퀴리는 어릴 때 아버지에게 수학과 과학을 배웠다. 16세에

---

6) 자석이 가진 성질

피에르 퀴리의 박사 학위 논문 표지

그는 수학 학사 학위를 받고 18세에 소르본 대학 이학부에서 물리학 석사 학위를 받았다. 하지만 가난하여 박사 과정에 진학할 수 없었다. 그는 실험실 조수로 근무하면서 틈틈이 실험을 해서 1895년에 자성에 관한 연구로 박사 학위를 받았다.

1880년 피에르는 물질에 큰 압력을 주면 전기적 성질이 나타난다는 압전효과 현상을 발견해 세상을 깜짝 놀라게 했다. 또한 자성이 사라지는 온도에 대해 알아냈는데 이것을 퀴리 온도라고 부른다. 당시 피에르 퀴리는 공업물리화학학교의 교수였다. 이제부터 피에르 퀴리의 전기는 마리의 전기와 함께 엮이게 된다.

화학양 마리와 피에르의 만남이 운명적이었군요?
정교수 리프만 교수의 추천으로 마리는 피에르의 실험실에서 연구를 하게 되었지. 이때부터 피에르는 마리에게 호감을 가졌다네.

하지만 대학을 졸업한 마리의 꿈은 폴란드에서 과학 교사가 되는 것이었다. 1894년 여름, 마리는 교사가 되기 위해 폴란드 바르샤바로 돌아갔다. 그녀는 크라쿠프 대학 등 여러 곳에 서류를 넣어봤지만 성차별로 인해 교사 자리를 구할 수가 없었다. 좌절감에 빠져 있던 마리에게 피에르의 구혼 편지가 왔다.

"당신의 애국적인 꿈, 우리의 인도주의적 꿈과 과학적 꿈에 매혹되어 우리가 서로 가까이에서 함께 인생을 보낼 수 있다면 얼마나 좋을까요."

– 1894년 8월 10일 피에르가 마리에게 보낸 편지

피에르와 마리 퀴리

마리는 피에르의 청혼을 받아들여 다시 파리로 돌아간다. 그리고 1895년 7월 25일 두 사람은 하나가 되었다. 이제 마리의 성은 퀴리로 바뀌면서 마리 퀴리(Marie Salomea Skłodowska-Curie)가 되었고, 퀴리 부인이라고 불렸다. 두 사람의 신혼여행은 특이하게도 자전거 여행이었다. 자전거를 타고 파리 근교를 돌아다니면서 물리에 대한 이야기를 나누는 것이었다.

화학양 낭만적이군요!

정교수 결혼 후에도 교사의 꿈을 버리지 못한 마리 퀴리는 1896년

1904년 퀴리 부부와 딸 이렌

세상에서 가장 쉬운 과학 수업 방사선과 원소

교사 자격시험에 합격하지. 그리고 1897년 그녀는 첫딸 이렌(Irène)을 낳았다네.

교사 자격증을 가진 마리 퀴리는 파리 고등사범학교에서 여학생들에게 수학을 가르치는 강사가 되었다. 부인의 재능을 아는 피에르는 마리에게 박사 과정을 밟도록 권유했다. 결국 마리 퀴리는 1897년부터 물리학 박사 과정을 시작하여 1903년에 소르본 대학에서 물리학 박사 학위를 받는다. 그녀의 연구 주제는 지도 교수인 베크렐이 발견했던, 우라늄에서 나오는 투과력이 있는 빔인 베크렐선에 대한 연구였다. 그녀는 이렇게 투과력이 있는 빔을 방사선(radioactive rays)이라 하고, 물질이 방사선을 방출하는 능력을 방사능(radioactivity)이라고 불렀다. 이 단어들은 모두 마리 퀴리가 만든 것이다.

토륨과 방사능 _ 검은 광물에서 나오는 방사선

화학양 마리 퀴리는 언제부터 방사능 원소를 찾았나요?

정교수 1898년부터야. 그해 2월 11일, 그녀는 우라늄 이외에 방사선을 내는 물질이 있는지를 조사하기 시작했어. 그리고 토륨에서도 방사선이 나온다는 것을 알아내 논문으로 발표했다네. 이것이 마리 퀴리의 방사선에 관한 첫 논문이지.

화학양 토륨은 뭔가요?

정교수 1828년 노르웨이의 광물학자 에스마르크(Morten Esmark)는 토라이트라고 부르는 검은 광물을 발견하여 오슬로 대학 교수인 아버지에게 광물 분석을 의뢰했어. 그의 아버지는 스웨덴의 유명한 화학자인 베르셀리우스(Jöns Jacob Berzelius, 1779~1848)에게 분석을 맡겼지. 1829년 베르셀리우스는 이 검은 광물에서 새 원소를 발견하는데 이것이 바로 토륨이야. 토륨은 토라이트에서 나온 말이네. 그런데 토륨에서 방사선이 나온다는 것을 마리 퀴리보다 먼저 알아낸 사람이 있었어.

화학양 마리 퀴리가 논문을 표절한 건가요?

정교수 그건 아니야. 당시에는 지금처럼 인터넷 검색이 불가능하니까 누가 어떤 논문을 어느 저널에 게재했는지 쉽게 알 수가 없었거든. 마리 퀴리의 논문이 게재된 4월 12일보다 두 달 전에 독일의 화학자 슈미트(Gerhard Carl Schmidt, 1865~1949)가 토륨에서 나오는 방사선이 장애물을 투과해 사진 건판을 흐리게 만든다는 내용을 독일 저널에 발표했다네. 나중에 사람들에게 알려졌지.

화학양 그렇게 된 거군요.

공동 연구를 시작한 퀴리 부부_피치블렌드 광석의 수수께끼를 풀어 보자!

정교수 마리 퀴리는 남편 피에르에게 방사선에 대한 공동 연구를 제의하지. 피에르는 자신의 주 연구 분야인 자성체 연구를 접고 이때부

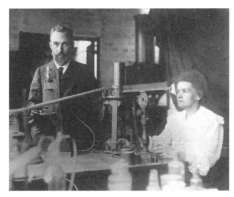

실험실에서 피에르와 마리 퀴리

터 퀴리 부부의 공동 연구가 시작되네.

화학양　퀴리 부부는 어떤 연구를 먼저 시작했나요?

정교수　마리 퀴리는 토륨의 방사선을 조사하면서 신기한 점을 발견했어. 그것은 바로 우라늄을 포함한 피치블렌드라는 광물이 우라늄이 방출하는 방사선보다 훨씬 더 강력한 방사선을 낸다는 사실이었네. 그녀는 피치블렌드 속에 우라늄이나 토륨보다 훨씬 더 강한 방사능을 가진 원소가 있지 않을까 생각했지. 퀴리 부부는 4월 9일부터 7

피치블렌드

월 16일까지 이 문제에 대한 실험에 매달렸네.

퀴리 부부는 지인인 로스차일드(Baron Henri Rothschild)의 호의로 보헤미아 광산에서 채광되는 피치블렌드 수 톤을 구할 수 있었어.

폴로늄의 발견 _ 더 강한 방사능 물질을 찾아내다

정교수   이제 퀴리 부부가 폴로늄을 발견한 논문에 대해 설명하지. 이 책 뒤에 소개된 〈퀴리 1〉이라고 쓴 논문을 보게.

화학양   영어로 쓰여 있어서 무슨 말인지 모르겠어요.

정교수   그래서 다음과 같이 번역해 보았네. 지금부터 차근차근 살펴보세. 논문 원본의 내용은 기울임꼴로 쓰겠네.

피치블렌드 속에는 우라늄과 토륨이 들어 있다. 우리 중 한 명은 우라늄과 토륨보다 강한 방사선을 내는 물질이 피치블렌드 속에 있을지도 모른다는 주장을 했다.

이 부분은 마리 퀴리의 단독 논문에 대한 내용을 담고 있어.

우라늄과 토륨 화합물은 공기를 전도하고 사진 건판을 감광시키는 방사선을 방출하는 특성을 가지고 있다. 이것은 우라늄과 토륨 화합물의 공통된 특성이다. 여러 실험을 통해 우리는 우라늄과 토륨을 포

함한 광물의 방사능은 포함된 우라늄, 토륨의 양과만 관련되지 방사능을 띠지 않는 다른 물질들과는 아무 관계가 없다는 것을 알았다. 그러므로 만일 어떤 광물이 그 속에 포함된 우라늄, 토륨에서 나오는 방사선보다 강한 방사선을 낸다면, 그 광물 속에 우라늄과 토륨이 아닌 새로운 방사능 물질이 있다는 것을 의미한다.

퀴리 부부는 실험을 통해 피치블렌드에서 나오는 방사능이 그 속에 포함된 우라늄과 토륨에 의한 방사능보다 훨씬 강하다는 것을 알아냈지.

우리는 피치블렌드에서 우라늄이나 토륨보다 방사능이 강한 물질을 분리하려고 노력했다. 우리는 시료를 산으로 처리했고 그렇게 해서 얻어진 용액에 황화수소를 부었다. 이때 우라늄과 토륨은 용액에 녹았다. 용액에 녹지 않는 물질들은 바닥에 침전되었는데 침전된 황화물 속에는 납, 비스무트, 구리, 비소 및 안티모니와 미지의 물질이 들어 있었다. 우리는 비소와 안티모니가 황화암모늄 용액에 용해된다는 사실을 이용해 비소와 안티모니를 제거했다.

이제 침전된 물질 속에는 납, 비스무트, 구리와 미지의 물질이 들어 있다. 남아 있는 물질을 묽은 황산으로 세척하면 납과 다른 물질들이 분리된다. 여기서 비스무트와 구리와 미지의 물질로 이루어진 용액을 얻었다. 우리는 암모니아를 이용해 구리와 다른 두 물질을 분리했다. 그리하여 비스무트의 황화물과 미지의 물질이 들어 있는 황화물을 얻었다.

이 두 황화물을 분리하는 정확한 방법은 아직 찾지 못했다. 우리는 이 두 황화물이 섞여 있는 용액을 약 700℃로 가열했다. 이때 미지의 물질의 황화물은 250℃~300℃에서 증착되고, 비스무트의 황화물은 더 높은 온도까지 남아 있었다. 이 방법을 반복해 우리는 미지의 물질의 황화물을 분리할 수 있었다.

이 미지의 물질의 황화물이 방출하는 방사능을 조사해 보았더니 놀랍게도 우라늄의 400배 정도였다. 조사한 바로는 이렇게 강한 방사능을 가진 물질은 그동안 존재하지 않았다. 그러므로 우리는 우라늄이나 토륨보다 훨씬 큰 미지의 원소를 발견한 것이다. 이 새로운 원소는 우리 중 한 사람(마리 퀴리)의 조국의 이름을 따서 폴로늄이라고 부를 것을 제안한다.

화학양 폴로늄이 섞여 있는 광물에서 폴로늄을 분리하려고 엄청 애를 썼군요.

정교수 그렇네. 미지의 원소와 알려진 원소가 섞여 있는 물질에서 화학적인 성질의 차이를 이용해 하나씩 분리해 나가면서 폴로늄을 얻은 거지.

세상에서 가장 쉬운 과학 수업 방사선과 원소

라듐의 발견 _ 두 번째 새로운 방사능 원소와 노벨상 수상

정교수   이번엔 퀴리 부부가 라듐을 발견한 논문에 대해 설명하겠네. 이 책에 소개된 〈퀴리 2〉라고 쓴 논문을 천천히 살펴보세. 앞에서와 마찬가지로 논문 원본의 내용은 기울임꼴로 쓰겠네. 이 논문은 퀴리 부부가 화학자인 베몽(Gustave Bémont)을 조수로 고용하여 연구한 내용이야.

우리 중 두 명은 순수한 화학적 과정을 통해 피치블렌드 속에 강한 방사능 원소가 있음을 보였다. 우리는 이 원소를 폴로늄이라고 불렀다.

그리고 좀 더 보완된 실험을 통해, 폴로늄과 화학적 특성이 완전히 다른 두 번째 방사능 원소를 피치블렌드에서 발견했다. 폴로늄은 암모니아에 의해 완전히 침전되지만 이 원소는 그렇지 않았다. 그러므로 이 원소와 폴로늄은 다른 원소라는 것을 알게 되었다. 이 원소의 화학적 특성은 바륨과 거의 비슷하지만, 강한 방사능을 가지고 있다는 점에서는 달랐다.

우리는 새로운 방사성 원소에 라듐이라는 이름을 붙였다. 라듐을 단독으로 분리하지는 못하고 라듐과 바륨의 혼합물 형태로 발견했다. 소량의 라듐이 포함된 혼합물에서도 강한 방사선이 나오는 것으로부터, 라듐은 강력한 방사능 원소라는 것을 알게 되었다.

화학양   퀴리 부부가 두 번째 새로운 방사능 원소를 발견했군요.

정교수 퀴리 부부는 라듐 발견으로 스타가 되었어. 1903년 6월 영국의 왕립 아카데미가 부부를 런던으로 초청했네. 왕립 아카데미에서 피에르 퀴리는 라듐 발견에 대해 강연했지. 강연이 열린 강당은 세계적인 물리학자로 가득 찼어. 마리 퀴리는 크룩스, 레일리, 톰슨, 랭커스터 등과 같은 세계적인 물리학자와 함께 객석에서 남편의 발표를 들었지. 피에르는 실내를 어둡게 해달라고 요청하고 라듐에서 나오는 신비한 빛을 사람들에게 보여 주었네.

그해 11월 런던 아카데미는 최고의 상 중 하나인 데이비상을 퀴리 부부에게 수상했어. 이때 마리는 몸이 좋지 않아 피에르만 수상식에 참석했지. 그리고 12월 10일 스웨덴 과학 아카데미는 퀴리 부부를 베

1903년 피에르와 마리 퀴리에게 수여된 노벨 물리학상

크렐과 함께 노벨 물리학상 수상자로 지명하네.

화학양　퀴리 부부가 스톡홀름에 갔겠군요.

정교수　아쉽게도 두 사람 모두 시상식에는 참석하지 못했어. 마리는 병이 낫지 않아 움직이기 어려웠고, 피에르는 수업이 많아서 갈 수가 없었네. 그래서 프랑스 공사가 대신 노벨 물리학상을 수상해 퀴리 부부에게 전달했지.

노벨상을 받은 후 피에르 퀴리는 1904년 8월에 소르본 대학 교수가 되었고, 마리 퀴리는 그해 11월에 연구소장이 되었어. 그리고 같은 해 말에 둘째 딸 에브(Ève)를 낳았네.

1908년 이렌과 에브 퀴리

마리 퀴리, 노벨 화학상을 수상하다 _ 순수한 라듐 분리와 원자량 측정

화학양　마리 퀴리는 노벨상을 두 개 수상한 걸로 알고 있어요.

정교수　이제부터 들려줄 이야기야. 행복하게 공동 연구를 해왔던 퀴리 부부에게 불행이 닥치지.

화학양　어떤 일이 생긴 거죠?

정교수　피에르 퀴리가 1906년 4월 19일에 파리 시내를 달리던 마차에 치여 사고로 죽게 되었어. 그의 나이는 47세에 불과했다네.

화학양　정말 안타깝고 슬픈 일이네요.

정교수　당시 마리 퀴리의 나이가 39세야. 이때부터 그녀는 단독 연구를 시작했네. 마리 퀴리는 우선 남편이 하던 일을 이어받아 여성으로서는 처음으로 소르본 대학에서 강의를 하게 되지. 그리고 1908년 11월에는 소르본 대학 최초의 여성 교수가 되어 일반물리와 방사능

1908년 실험실의 마리 퀴리

에 대해 강의하네.

화학양 남편이 죽은 후 마리 퀴리는 어떤 연구를 했나요?

정교수 화학에서 새로운 원소를 발견하면 그 원소의 원자량을 결정해야 하네. 그러니까 라듐 화합물에서 금속 라듐을 분리하는 작업을 해야 했지. 이를 위해 마리 퀴리는 드비에른(André Debierne)을 조수로 고용했어. 그는 피에르 퀴리의 제자로 1899년 새로운 원소인 악티늄을 발견했네. 드비에른의 도움으로 마리 퀴리는 1910년 순수한 라듐을 얻었고 그 원자량을 알아냈지.

화학양 그 일로 노벨 화학상을 탔군요.

정교수 그렇다네.

1911년 마리 퀴리에게 수여된 노벨 화학상

제1회 솔베이 물리학회

1911년 마리 퀴리는 벨기에 브뤼셀에서 열린 제1회 솔베이 물리학회[7]에 초대되어 아인슈타인, 플랑크, 보어와 같은 쟁쟁한 물리학자들을 만나게 된다. 초대된 물리학자들 중에서 여성은 마리 퀴리 혼자뿐이었다.

그리고 1911년 말 마리 퀴리는 폴로늄과 라듐의 원자량을 알아낸 업적으로 노벨 화학상을 받는다. 그 후 그녀는 신장 질환으로 병원에 입원해 1년 내내 병실 생활을 하게 된다.

---

7) 벨기에 화학자 솔베이(Ernest Solvay, 1838~1922)가 만든 학회

세상에서 가장 쉬운 과학 수업 방사선과 원소

네 번째 만남

•

노벨상 이후의 마리 퀴리와 방사능 연구의 영웅들

라듐의 빛과 그림자 _ 만병통치약에서 재앙의 시작으로

정교수 퀴리 부부가 발견한 라듐은 많은 인기를 끌었네.

화학양 인기 비결은 무엇이었나요?

정교수 이 새로운 원소가 어둠 속에서 멋진 빛을 내기 때문이었지. 당시에는 방사능이 인체에 해롭다는 것이 알려지기 전이었어. 사람들은 라듐에서 나오는 빛을 쬐면 젊음도 되찾을 수 있다고 생각했지. 그래서 라듐이 들어간 제품들이 쏟아져 나왔다네. 뿐만 아니라 라듐은 의료계에서도 인기가 대단했어.

화학양 그건 왜죠?

정교수 당시 라듐 방사선을 쪼인 암 환자에게서 암세포가 죽은 것이 발견되었네. 이러한 발견은 너무나도 획기적이었던 나머지 의료계에

라듐 화장품 광고

라듐 파우더(출처: Rama/Wikimedia Commons)

세상에서 가장 쉬운 과학 수업 방사선과 원소

서는 암을 정복했다고 여겼어. 불가사의한 질병이었던 암을 치료할 수 있다고 생각되자 라듐은 더욱 인기가 높아졌지.

하지만 라듐은 암세포뿐만 아니라 다른 세포도 모두 죽이는데, 가장 빠르게 분열하는 암세포가 방사능에 의해 특히 빠른 속도로 죽는 것이었다네. 관찰 기간이 짧다 보니 라듐이 암세포만 죽인다고 착각한 거야. 그 사실을 몰랐던 의사들은 암세포 외에도 세포 단위로 이뤄진 인체 모든 부위에 라듐 방사선을 쪼이기 시작하네. 일단 아프기만 하면 라듐 방사선 치료를 하게 되었지.

화학양 문제가 발생했겠군요.

정교수 재앙이 시작되었어. 좌약을 써야 하거나 전립선 치료를 위해 라듐 방사선을 생식기에도 쪼였는데, 이곳의 세포들은 분열 속도가 빨라 정상적인 세포가 암세포로 변하는 일들이 발생했지. 기형아나 장애아의 출산율이 높아졌고 심한 경우에는 암에 걸려 죽는 사고가 빈번했네. 실상을 알지 못했던 사업가들은 라듐을 온갖 식품과 물건에 사용했어.

라듐을 함유한 생수 '라디토어(Radithor)'는 비싼 값에 만병통치약으로 팔렸다. 1927년 에벤 바이어스라는 부유한 사업가는 기차의 침대에서 떨어져 부상당한 후 의사의 권유에 따라 하루에 라디토어를 세 잔씩 마셨다. 이렇게 3년 동안 라디토어를 마신 그는 아래턱이 썩어 떨어져 나가고 두개골에 구멍이 뚫리면서 뇌종양에 걸려 1932년 3월 결국 숨을 거뒀다. 그의 시신은 납으로 만든 관에 담겨 매장되

라듐 생수 라디토어(출처: Sam LaRussa/Wikimedia Commons)

었다. 납을 사용한 이유는 시신이 방사능에 오염되었기 때문에 방사
선을 차폐하기 위해서였다.

화학양　　라듐으로 인한 피해자가 많이 생겼겠네요.

정교수　　물론이야. 라듐 피해자들은 점점 늘어나 퀴리 부부에게 자신
들의 사연을 호소했어.

　　마차 사고로 죽기 전 피에르 퀴리는 라듐이 해로운지 아닌지를 증
명하려고 자신의 팔에 라듐 결정을 끈으로 묶어 피부에 궤양이 생기
는 것을 확인하기도 했다. 마리 퀴리는 훗날 방사능 때문에 생긴 병으
로 죽게 된다. 이 두 사람의 스승인 앙리 베크렐도 피치블렌드 광석을
윗옷 주머니에 기념품처럼 가지고 다니다가 역시 방사능으로 인한
종양으로 죽었다.

　　라듐이 인체에 악영향을 끼친다는 것이 본격적으로 사회에 알려진

때는 1925년 시계의 도장 공장에서 일어난 라듐 소녀들 사건부터였다. 라듐은 당시에 시계의 야광 도료용으로 쓰였기 때문에 도장공들은 라듐에 항상 노출되어 있었다. 특히 문자판의 작은 점이나 선을 그리기 위해 붓을 입으로 핥아서 가늘게 만들어 수작업을 했기에 더 위험했다. 결국 젊은 여성들로 구성된 도장공들이 차례차례 암에 걸리는 사건이 일어났다.

'라듐 걸스'라고 불리던 그들은 기업에 소송을 제기했고, 이에 라듐의 위험성이 주목받게 되었다. 1939년 재판 결과, 라듐 걸스는 승소했고 1명당 일만 달러를 받기로 합의가 되었다. 하지만 승소한 보람도 없이 하나둘씩 방사능 후유증으로 사망했다고 한다. 이 사건 이후 도료로 라듐을 쓰는 것이 금지되었다.

세 종류의 방사선 _ 러더퍼드와 가이거의 연구

정교수 베크렐과 퀴리 부부의 방사능 원소 발견 이후에 방사능에 대한 연구가 더욱 활발해졌어. 그 선두에는 러더퍼드가 있었지. 이제 그의 일생과 연구에 대해 알아보세.

러더퍼드가 태어나기 전 그의 부모는 농사를 지어 아이들을 키우기 위해 스코틀랜드에서 뉴질랜드로 이주했다. 러더퍼드는 뉴질랜드의 브라이트워터에서 태어났다. 그는 장학생으로 뉴질랜드 대학교에

러더퍼드(Ernest Rutherford, 1871~1937,
1908년 노벨 화학상 수상)

서 공부하면서 토론과 럭비를 즐겼다. 대학 시절 그는 2년의 연구 끝에 새로운 라디오 수신기를 발명해 신진 과학자들에게 주는 상인 연구 펠로십을 받았다.

러더퍼드는 실험 물리학을 더 배우기 위해 영국 캐번디시 연구소로 갔고, 그곳에서 톰슨의 지도로 실험을 공부했다. 당시 그는 케임브리지 대학 출신이 아닌 유일한 학생이었다. 1896년 그는 0.5마일 떨어진 곳에서 전파를 탐지하는 수신기를 만들었다. 그 기록은 점점 더 늘어나 전자기파를 탐지할 수 있는 거리에 대한 세계 기록을 세웠다.

1898년 톰슨은 러더퍼드를 캐나다 몬트리올에 있는 맥길 대학의 교수로 추천했다. 그 후 맥길 대학에서 일하던 러더퍼드는 1907년 영국으로 돌아가, 맨체스터의 빅토리아 대학 교수가 된다. 1919년 그는 다시 캐번디시 연구소로 돌아와 이 연구소의 4대 소장이 되었다.

러더퍼드의 방사선에 관한 연구는 거의 대부분 맥길 대학에서 이루어졌다. 1898년 러더퍼드는 우라늄에서 나오는 방사선이 두 종류

세상에서 가장 쉬운 과학 수업 방사선과 원소

라는 것을 알아냈다. 전기장을 걸었을 때 음극으로 휘어지는 방사선은 양의 전기를 띠는데, 그는 이것을 알파 방사선이라고 불렀다. 그는 알파 방사선이 양의 전기를 띤 알파 입자로 이루어져 있다고 생각했다. 우라늄에서는 양극으로 휘어지는 방사선도 관찰되었는데 이것은 음의 전기를 띠고 있다. 러더퍼드는 이 방사선을 베타 방사선이라고 불렀다. 그는 베타 방사선이 음의 전기를 띤 베타 입자로 이루어져 있다고 생각했다.

이후 1900년에 프랑스의 물리학자 빌라르(Paul Villard)는 라듐에서 투과력이 아주 강한 새로운 방사선이 나온다는 것을 발견했다. 이 방사선은 알파 방사선이나 베타 방사선과 다르게 전기를 띠지 않았다. 1903년 러더퍼드는 빌라르가 발견한 방사선을 감마 방사선이라고 이름 붙였다.

화학양 방사선은 세 종류이군요.

정교수 그렇네. 투과력으로 따진다면 감마 방사선이 1등, 베타 방사선이 2등, 알파 방사선이 3등이지. 러더퍼드는 톰슨처럼 알파 방사선이 전기장과 자기장에 의해 휘어지는 것으로부터 알파 입자의 전하량과 질량의 비의 값을 알아내 알파 입자가 헬륨 이온이라는 것을 보였어.

화학양 그럼 베타 입자는 뭔가요?

정교수 1900년 베크렐이 베타 입자의 전하량과 질량의 비의 값이 전자와 똑같다는 것을 알아냈네.

화학양 베타 입자는 전자였군요!

정교수 맞아. 그 후 러더퍼드는 감마 방사선이 진동수가 아주 큰 빛이라는 것을 알아냈지. 세 종류의 방사선에 대한 연구로 러더퍼드는 물리학자이지만 노벨 화학상을 받게 되었어.

화학양 방사능의 세기는 시간에 따라 달라지나요?

정교수 물론이야. 1907년 러더퍼드는 방사선을 내는 모든 원소는 시간이 흐를수록 방사선의 세기가 약해진다는 것을 발견했어. 그는 방사선의 세기가 처음의 절반으로 줄어드는 시간을 반감기라고 불렀는데, 반감기는 방사능 원소의 종류에 따라 다르다네. 즉, 반감기가 긴 원소도 있고 짧은 원소도 있어. 방사능을 가진 아이오딘의 반감기는 8일로 짧지만, 라듐의 반감기는 1600년으로 상당히 길지.

화학양 그런데 궁금한 게 있어요. 알파 방사선은 알파 입자의 흐름이고 베타 방사선은 베타 입자의 흐름이라고 했는데, 이들 입자가 몇 개나 튀어 나왔는지도 알 수 있나요?

정교수 좋은 질문이야. 그 일은 독일의 물리학자 한스 가이거에 의해 이루어졌네. 그 내용을 살펴볼까?

가이거는 독일의 노이슈타트 안 데어 하르트에서 태어났다. 그의 아버지는 인도 철학을 연구하는 에를랑겐 대학교의 교수였다. 1902년 가이거는 에를랑겐 대학교에서 물리학과 수학을 공부하고, 1906년에 박사 학위를 받았다. 박사 학위 논문은 가스를 통한 전기 방전에 대한 연구였다. 그는 맨체스터 대학에서 펠로십을 받았고 슈스터

가이거(Johannes Hans Wilhelm Geiger, 1882~1945)

(Arthur Schuster) 교수의 조수로 일했다. 그리고 1907년 슈스터가 은퇴한 후 그의 후임자인 러더퍼드 교수의 조수가 되었다. 1908년 그는 마스든과 함께 유명한 가이거·마스든 실험을 했다. 이때 알파 방사선 속의 알파 입자 수를 헤아리는 장치를 발명했는데 그것이 바로 가이거 계수기이다.

화학양   어떻게 알파 입자의 개수를 세는 거죠?

정교수   가이거 계수기의 가이거관 속에는 머리카락보다 약간 굵은 도선과 알코올, 아르곤 등의 가스가 들어 있어. 알파 입자는 양의 전기를 띠고 있는데, 이 입자가 가이거관 속을 지나가면서 관 속의 기체 원자와 충돌하여 전자를 방출하고 이 전자들이 관 속의 도선에 도달하지. 이때 발생하는 전류 펄스가 1개의 방사선 입자에 대한 대응 신호야. 전류 펄스란 매우 짧은 시간 동안 흐르는 전류를 말해. 이 전류

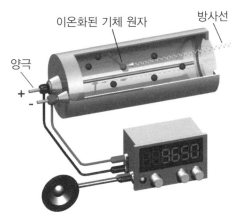

이온화된 기체 원자   방사선

양극
+
−

가이거 계수기(출처: Svjo−2/Wikimedia Commons)

가 스피커를 지나가면서 반응 음으로 '틱' 하는 소리를 내네. 이때 소리가 한 번 나면 알파 입자 한 개가 검출된 셈이고, 소리가 두 번 나면 알파 입자 두 개가 검출된 것을 의미하지.

화학양   그렇군요.

마리 퀴리와 제1차 세계대전 _1그램의 라듐을 구하기 위해

정교수   이제 마리 퀴리의 이야기로 돌아가겠네. 그녀가 일 년간 병마와 싸운 후 퇴원해 다시 연구를 시작한 것은 1912년 9월이야.

마리 퀴리는 염화라듐 1그램이 들어 있는 밀봉된 병을 국제 도량형 사무국 금고에 보관했다. 이것이 오늘날 '마리 퀴리 표준'으로 알

세상에서 가장 쉬운 과학 수업 방사선과 원소

려진 최초의 라듐 표준이다.

1914년 8월, 제1차 세계대전이 발발했다. 전쟁이 시작된 지 한 달 뒤에 파리에 라듐 연구소가 세워졌고 마리 퀴리가 초대 연구소장이 되었다.

하지만 연구소 사람들이 징병되어 전장에 나가게 되자 문을 잠시 닫아야 하는 상황이 되었다. 그때 마리 퀴리는 자신의 지식을 사용하여 군사 방사선 센터의 설립과 부상자 치료를 돕기로 결정했다. 그리고 약 20대의 차량에 X선 장비를 실어 전선을 다니며 병사들의 몸에 박힌 파편을 찾아 치료를 도왔다. 이 차량은 나중에 '리틀 퀴리'라고 불렸다.

마리 퀴리는 17세인 딸 이렌과 함께 적십자사 간호사로 활동하며,

이동식 X선 차량의 마리 퀴리

방사선과 X선 튜브 사용법을 다른 간호사들과 의사들에게 가르쳐 주었다.

전쟁이 끝나자 이렌은 라듐 연구소에서 마리 퀴리의 조수로 일하기 시작했다. 이때부터 라듐 연구소는 방사능 물질에 관한 세계적인 연구 기관이 되었다. 1920년 마리 퀴리는 레고(Claudius Regaud)와 함께 퀴리 재단을 설립해 방사선을 이용한 암 치료 연구를 하게 된다.

제대로 된 연구를 위해서는 라듐 1그램이 절실했지만, 라듐이 희귀하고 너무 비싸서 고액의 연구비가 없으면 구입할 수가 없었다. 마리 퀴리는 라듐 연구소의 연구비를 확보하기 위해 백방으로 뛰었다. 그녀를 존경해온 미국 언론인 멜로니(Marie Meloney)는 1921년, 미국에서 퀴리 재단을 위한 기금 마련 행사를 조직했다. 이 행사의 목적은 당시 약 10만 달러(오늘날의 돈으로 약 136만 달러)에 해당하는

멜로니와 이렌, 마리, 에브 퀴리
(왼쪽부터)

세상에서 가장 쉬운 과학 수업 방사선과 원소

마리 퀴리와 하딩 대통령

1그램의 라듐을 마리 퀴리에게 제공하는 것이었다.

　딸들과 함께 미국으로 여행한 마리 퀴리는 1921년 5월과 6월 내내 그곳에서 특별한 환영을 받았다. 당시 미국 대통령 워런 하딩은 5월 20일 백악관에서 열린 공식 행사에서 그녀에게 황금 열쇠를 선물했다. 마리 퀴리는 그 열쇠로 상자를 열었고 거기에는 1그램의 라듐이 들어 있었다.

　그녀는 미국의 여자 대학교를 돌아다니며 강연을 했다. 그리고 펜실베이니아주 피츠버그에 있는 라듐 공장을 방문하는 것을 포함하여 중요한 산업체 관계자들을 만났다.

산업체 관계자들과 만나는
마리 퀴리

　점차 국제적으로 더 큰 인지도를 얻게 된 마리 퀴리는 연구를 홍보하기 위해 여러 국가를 방문하였다. 그녀는 제네바에 있는 국제 연맹의 지적 협력 위원회의 부회장이 되었고, 이곳에서 아인슈타인과 함께 일했다. 위원회는 문화, 과학 및 평화를 지원하는 것을 목표로 했다.

　마리 퀴리는 1934년 초 폴란드를 마지막으로 방문했다. 그리고 몇 달 후인 그해 7월 4일, 방사선에 장기간 노출되어 골수에 손상을 입어 생기는 재생 불량성 빈혈로 66세의 나이에 사망했다. 마리 퀴리의 유해는 방사능 때문에 납으로 봉인되었다. 1890년대에 그녀가 쓴 자필 연구 노트 또한 방사능 오염으로 납 상자에 보관되어 있다.

다섯 번째 만남

•

두 번째 퀴리 부부와
인공 방사성 원소

주기율표의 탄생 _ 비슷한 성질끼리 모여라!

정교수 두 번째 퀴리 부부의 등장 전에 먼저 주기율표의 탄생 비화에 대해 이야기해 보세.

화학양 주기율표라면 화학적으로 비슷한 성질을 띤 원소들을 모아서 정리한 표를 말하는 건가요?

정교수 맞아. 탄소, 황, 철, 구리, 은, 주석, 금, 수은, 납과 같은 많은 화학 원소는 고대부터 알려져 왔네. 그리고 연금술사들에 의해 아연, 비소, 안티모니, 비스무트와 같은 몇 가지 원소들이 더 발견되었지.

주기율표의 역사는 화학 원소 발견의 역사이기도 하다. 기록상 처음으로 새로운 원소를 찾아낸 사람은 독일 상인 브란트(Hennig Brand)였다. 그는 값싼 비금속을 금으로 바꾸는 연금술사였는데, 1669년 소변을 증류하여 실험한 결과 빛나는 흰색 물질을 발견했다. 1680년에 보일이 이것에 인이라는 이름을 붙였다.

그 후 화학자들은 산소, 수소, 질소와 같은 눈에 보이지 않는 기체 원소들을 발견하게 된다. 1815년 영국의 의사이자 화학자인 프라우트(William Prout)는 모든 원소의 원자량이 수소 원자량의 배수가 된다는 것을 알아냈다.

1817년부터 독일의 물리학자 되베라이너(Johann Wolfgang Döbereiner)는 원소를 분류하는 최초의 시도를 공식화하기 시작했다.

　　　　　　　　　　　세상에서 가장 쉬운 과학 수업 방사선과 원소

되베라이너(Johann Wolfgang Döbereiner,
1780~1849)

1829년 그는 다음과 같이 세 개의 원소들을 그룹으로 묶을 수 있
다는 세 쌍 원소설을 주장했다.

[첫 번째 그룹] 리튬-나트륨-칼륨
[두 번째 그룹] 칼슘-스트론튬-바륨
[세 번째 그룹] 황-셀레늄-텔루륨
[네 번째 그룹] 염소-브로민-아이오딘

그는 각 그룹에 속하는 원소들이 화학적으로 비슷한 성질을 지니
며, 각 그룹의 가운데 원소의 원자량은 처음과 마지막 원소의 원자량
의 평균이 된다고 주장했다. 예를 들어 스트론튬의 원자량은 칼슘과
바륨의 원자량의 평균값이 된다는 식이다.

첫 번째 그룹의 원소들을 알칼리 금속이라고 부른다. 이들은 물과
만나면 폭발하는 성질이 있고, 칼로 자른 단면은 모두 은빛의 광택을

낸다. 또한 공기와 접촉했을 때 빠른 산화가 일어나 색이 변하며, 전기가 매우 잘 통한다는 공통점이 있다. 네 번째 그룹의 원소는 금속을 매우 잘 부식시키며 금속과 반응해 염을 잘 만드는데, 이들을 할로젠 원소라고 부른다.

되베라이너 이후 비슷한 화학적 성질을 가진 원소들을 그룹으로 모으는 연구가 진행되었다. 그 시작은 1864년 영국의 뉴랜즈부터이다.

뉴랜즈(John Alexander Reina Newlands, 1837~1898)

뉴랜즈는 영국 런던 램버스의 웨스트스퀘어에서 태어났다. 아버지는 스코틀랜드 장로교 목사였고 어머니는 이탈리아 출신이었다. 그는 아버지에게 홈스쿨링을 받았고, 임페리얼 칼리지에서 공부했다. 사회 개혁에 관심이 있던 그는 1860년 이탈리아 통일을 위한 군사 캠페인에서 가리발디와 함께 자원봉사를 했다. 런던으로 돌아와서는 1864년부터 분석화학을 연구했다. 1868년에 그는 런던 설탕 정제소의 수석 화학자가 되었으며, 가공에 여러 개선 사항을 도입했다.

세상에서 가장 쉬운 과학 수업 방사선과 원소

No.	No.	No.	No.	No.	No.	No.	No.
H 1	F 8	Cl 15	Co & Ni 22	Br 29	Pd 36	I 42	Pt & Ir 50
Li 2	Na 9	K 16	Cu 23	Rb 30	Ag 37	Cs 44	Os 51
G 3	Mg 10	Ca 17	Zn 24	Sr 31	Cd 38	Ba & V 45	Hg 52
Bo 4	Al 11	Cr 19	Y 25	Ce & La 33	U 40	Ta 46	Tl 53
C 5	Si 12	Ti 18	In 26	Zr 32	Sn 39	W 47	Pb 54
N 6	P 13	Mn 20	As 27	Di & Mo 34	Sb 41	Nb 48	Bi 55
O 7	S 14	Fe 21	Se 28	Ro & Ru 35	Te 43	Au 49	Th 56

뉴랜즈의 주기율표

1865년에 뉴랜즈는 그때까지 알려진 56개의 원소를 가벼운 것부터 나열하면 여덟 번째 원소는 같은 성질을 띤다는 사실을 알아냈다. 그는 이것을 음악의 옥타브에 비유해 '옥타브의 법칙'이라고 불렀다. 하지만 옥타브의 법칙은 동시대 과학자들에게 조롱을 받았고, 화학자 협회는 그의 연구를 출판하는 것을 받아들이지 않았다.

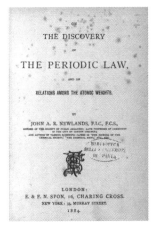

1884년 출간된 뉴랜즈의 책 표지

뉴랜즈와 비슷한 시기에 원소의 주기율표를 연구한 과학자는 러시아의 멘델레예프이다.

멘델레예프(Dmitry Ivanovich Mendeleev, 1834~1907)

멘델레예프는 러시아 시베리아 토볼스크 근처의 베르흐니에 아렘쟈니 마을에서 태어났다. 그의 아버지는 덕망이 높은 선생님이었고, 어머니는 비교적 부유한 유리 공장 주인의 딸이었다.

그가 태어난 지 얼마 되지 않아 가정에 뜻하지 않은 비운이 찾아들었다. 아버지가 두 눈을 실명해 교직에서 물러나게 되었던 것이다. 어머니는 가계를 꾸리기 위해 친정에서 유리 공장을 인수하여 운영했다. 집안은 어느 정도 안정을 찾는 듯했으나 또 다른 불행이 닥쳤다. 멘델레예프가 15살이던 1849년에 오랫동안 투병 생활을 했던 아버지가 사망했고, 유리 공장마저 화재로 소실되었다. 가세는 급격히 기울었으며 멘델레예프의 성적도 나빠져 수학과 과학은 보통, 라틴어는 최하위를 기록하기 시작했다.

어머니는 아들을 위해 결단을 내렸다. 그들은 얼마 남지 않은 가재도구를 정리해 고향을 떠났다. 갖은 고생 끝에 험준한 우랄산맥을 넘

세상에서 가장 쉬운 과학 수업 방사선과 원소

어 모스크바로 갔지만, 고등학교 성적이 나쁜 멘델레예프를 받아 주는 대학은 없었다. 어머니는 그를 데리고 상트페테르부르크로 갔다. 거기에는 남편의 모교인 상트페테르부르크 대학 부속 사범학교가 있었다. 다행히 그 학교의 학장이 아버지의 친구라서 멘델레예프는 이 학부에 입학할 수 있었다.

그가 대학에 진학하자마자 오로지 자신을 위해 모든 것을 바쳤던 어머니가 세상을 떠났다. 1850년 9월이었다. 그날부터 멘델레예프는 달라졌다. 열심히 공부해서 성공하는 것만이 어머니의 은혜에 보답하는 길이라고 생각했다. 고등학교 때 열등생이었던 그는 대학을 수석으로 졸업했다.

1855년에 대학을 졸업한 후 멘델레예프는 한적한 크리미아 지방으로 내려가 김나지움 교사가 되었다. 1857년 그는 상트페테르부르크로 돌아왔다. 1859년에는 2년간 외국에서 연구할 수 있는 관비 유학생으로 선발되어 프랑스에서 화학을 공부했다. 그 후 본격적인 연구를 위해 독일의 하이델베르크 대학으로 갔다. 그곳에서 유명한 화학자인 분젠(Robert Bunsen)과 키르히호프(Gustav Kirchhoff)의 지도를 받아 분광기에 관한 연구를 했다.

멘델레예프는 1867년 《화학의 원리》라는 책을 쓰면서 비슷한 성질을 지닌 원소들이 있다는 것을 알게 되었다. 그는 당시까지 알려진 56개의 원소를 카드로 만들어서 이름과 성질을 기록했다. 이어 그 카드를 실험실의 벽에 핀으로 꽂아 놓고 모은 자료를 다시 검토했다. 그리고 원소의 성질을 비교해 비슷한 것을 골라 카드를 재차 벽에 꽂는 과정을 반복했다. 그는 같은 성질을 갖는 원소가 주기적으로 나타난다는 점을 확인한 후, 원소의 성질을 원자량의 주기적인 함수라고 가정했다. 그것을 근거로 원소들을 원자량 순서대로 배열해 주기율표를 만들었다.

1869년 3월 6일에 멘델레예프는 러시아 화학회에서 〈원소의 구성 체계에 대한 제안〉이라는 논문을 발표했다. 그 논문은 원자량 순으로 배열한 원소의 성질이 주기적으로 변화한다는 가설을 바탕으로, 당시 알려져 있던 원소들 사이의 관계를 명쾌하게 설명하고 있었다. 뿐만 아니라 그가 작성한 주기율표에는 비록 빈칸과 의문 부호가 많긴 했지만, 아직 발견되지 않은 원소에 대해서도 예언할 가능성을 가지고 있었다.

멘델레예프의 주기율표는 당시까지의 원소에 대한 분류법으로는 가장 과학적이었기에 화학자들로부터 열렬한 환영을 받았다. 그의

Reihen	Gruppo I. — R'O	Gruppo II. — RO	Gruppo III. — R'O³	Gruppo IV. RH⁴ RO⁶	Gruppo V. RH³ R'O⁵	Gruppo VI. RH² RO³	Gruppo VII. RH R'O⁷	Gruppo VIII. — RO⁴
1	H=1							
2	Li=7	Be=9,4	B=11	C=12	N=14	O=16	F=19	
3	Na=23	Mg=24	Al=27,8	Si=28	P=31	S=32	Cl=35,5	
4	K=39	Ca=40	—=44	Ti=48	V=51	Cr=52	Mn=55	Fe=56, Co=59, Ni=59, Cu=63.
5	(Cu=63)	Zn=65	—=68	—=72	As=75	Se=78	Br=80	
6	Rb=85	Sr=87	?Yt=88	Zr=90	Nb=94	Mo=96	—=100	Ru=104, Rh=104, Pd=106, Ag=108.
7	(Ag=108)	Cd=112	In=113	Sn=118	Sb=122	Te=125	J=127	
8	Cs=133	Ba=137	?Di=138	?Ce=140	—	—	—	—
9	(—)	—	—	—				
10	—	—	?Er=178	?La=180	Ta=182	W=184	—	Os=195, Ir=197, Pt=198, Au=199.
11	(Au=199)	Hg=200	Tl=204	Pb=207	Bi=208	—	—	
12				Th=231		U=240		

멘델레예프의 주기율표

세상에서 가장 쉬운 과학 수업 방사선과 원소

논문은 독일어로 번역되어 유럽의 화학자들도 읽을 수 있게 되었다. 또한 주기율표의 도움으로 갈륨(Ga), 스칸듐(Sc), 저마늄(Ge) 등과 같은 새로운 원소들이 속속 발견되었다.

그의 주기율표에는 비활성 기체에 대한 흥미로운 이야기도 숨겨져 있다. 처음 주기율표를 만들었을 때에는 오늘날 주기율표의 제일 오른쪽 줄에 있는 비활성 기체에 대한 사항이 없었다. 1894년에 아르곤(Ar)이 발견되었는데 주기율표에 마땅한 자리가 없자, 멘델레예프는 아르곤이 질소 원자 3개가 모여 이루어진 분자라고 주장했다. 그 후 제논(Xe)이나 라돈(Rn)과 같은 새로운 비활성 기체들이 발견되면서 그는 마음을 고쳐먹었다. 그리고 주기율표에 새로운 세로줄을 하나 더 만들어 비활성 기체를 수용했다.

화학양 멘델레예프는 주기율표의 발견으로 노벨 화학상을 받았나요?

정교수 그는 노벨상을 받지 못했어.

화학양 그건 왜죠?

정교수 노벨상 위원회는 처음에 멘델레예프에게 노벨 화학상을 주려고 했지. 하지만 뉴랜즈가 자신이 먼저 주기율표를 발견했다며 그의 수상을 반대했어. 이렇게 논란이 생기자, 노벨상 위원회에서는 주기율표의 발견으로는 누구에게도 노벨상을 주지 않기로 결정했다네.

화학양 그런 역사가 숨어 있었군요.

마리 퀴리의 장녀, 이렌 퀴리 _특별한 교육법의 수혜자

정교수　퀴리 가족이 받은 노벨상이 몇 개인 줄 아나?

화학양　세 개인가요?

정교수　모두 다섯 개라네. 마리 퀴리가 노벨 물리학상과 노벨 화학상을 받았고 피에르 퀴리가 노벨 물리학상, 첫째 딸 이렌과 그녀의 남편 졸리오가 노벨 화학상을 수상했지.

화학양　말 그대로 노벨상 가문이군요.

정교수　이제 퀴리 부부의 첫째 딸 이렌에 대한 이야기를 하려고 하네. 퀴리 부부에게는 두 딸이 있었는데 첫째가 이렌이고 둘째는 피아니스트가 된 에브일세. 이렌은 어린 시절부터 수학을 잘했어. 이 사실을 안 마리 퀴리는 딸을 일반 학교에 보내지 않았지.

화학양　그럼 어떻게 공부를 시켰죠?

이렌 졸리오퀴리(Irène Joliot-Curie, 1897～1956, 1935년 노벨 화학상 수상)

정교수   1906년 마리 퀴리
는 이렌을 포함해 수학과
과학에 특별한 재능을 가진
아이들을 집에서 직접 가
르쳤어. 그녀는 당대 최고
의 실력자인 랑주뱅이나 페
랭과 같은 물리학자들을 선

이렌과 어머니 마리, 여동생 에브 퀴리

생님으로 모셨다네. 마리 퀴리는 이 학교의 이름을 공동 교육(The
Cooperative)이라고 불렀네. 학생들이 선생님들의 집으로 찾아가 수
학과 과학에 대해 자신의 생각을 발표하는 방식으로 수업이 진행되
었지. 이러한 특별한 교육법이 이렌을 노벨상 수상자로 만들었을 것
으로 생각하네. 그럼 이렌의 삶에 대해 좀 더 자세히 살펴볼까?

이렌은 13살 때 동생 에브와 폴란드에 있는 이모 브로냐의 집에서
여름을 보냈다. 그녀는 여름 내내 독일어와 삼각함수를 공부했다고
한다. 어머니의 모교인 소르본 대학에 입학한 이렌은 수학과 물리학
을 공부했다. 그러다 제1차 세계대전이 터져 어머니와 함께 간호사로
봉사 활동을 하면서 학업이 잠시 중단되었다. 전쟁이 끝난 후 1918
년 이렌은 소르본 대학에서 학사 학위를 받고, 라듐 연구소의 조수로
일하면서 연구를 지속했다.
1924년 이렌은 라듐 연구소에 조수로 들어온 프레데리크 졸리오
를 처음으로 만나게 된다.

1925년 라듐 연구소에서 이렌과 마리 퀴리
(출처: Wikimedia Commons)

이렌은 1925년에 물리학 박사 학위를 받는다. 그때 그녀의 지도 교수는 랑주뱅이었다. 이렌은 무뚝뚝하고 내성적이며 꾸미는 데에도 관심이 없었던 반면, 프레데리크는 주변 아무와도 금방 친해지는 사교적인 성격이어서 두 사람이 사랑에 빠질 거라고는 누구도 상상하지 않았다. 그들은 예상 외로 잘 맞는 커플이었다. 이렌은 연구소에 온 후배인 프레데리크에게 실험 기술을 가르치다가 그의 영민하고 사교적인 성격에 반했다. 프레데리크는 이렌을 흠모했는데, 차가운 그녀의 내면에 숨겨진 섬세한 따스함을 보았기 때문이었다. 두 사람의 사랑은 1926년 결혼으로 이루어졌다. 어울리지 않아 보였던 둘의 결혼 소식에 주변 사람들은 조금 당황스러워했다. 결혼 후 그들은 '졸리오퀴리(Joliot–Curie)'를 성으로 택했다. 하지만 논문에는 각자의 결혼 전 이름을 그대로 사용했다.

1928년부터 이렌과 프레데리크는 원자핵에 관한 공동 연구를 시

세상에서 가장 쉬운 과학 수업 방사선과 원소

장 프레데리크 졸리오퀴리(Jean Frédéric Joliot-Curie,
1900~1958, 1935년 노벨 화학상 수상)

작한다. 그들은 1934년에 인공 방사능을 발견하고, 이 공로로 1935
년에 노벨 화학상을 받는다.

노벨상을 받은 후 이렌은 라듐 연구소에서 연구 개발 부장으로 일
하며 파리 대학의 교수 생활도 병행했다. 그녀는 여러 여권 단체 활동
에 참여했다. 그러면서 여성이 집에 있기를 원하는 파시스트들에게
미혼이거나 혼자 살거나 가족의 수입이 부족한 여성들은 밖에서 일
할 수밖에 없다고 주장하였다. 그녀는 파시스트에 대항하여 반파시스
트 모임에 참여하고, 국무부 과학 연구 차관으로서 프랑스의 첫 여성
각료가 되었다. 그러나 당시 여성에게는 투표권이 주어지지 않았으므
로 3개월 만에 사임하고 남자 동료에게 자리를 넘겨주었다.

1939년에 제2차 세계대전이 발발했다. 프레데리크가 반파시스트
집단의 책임자로 지목되면서 이렌은 1944년 6월 6일에 아이들과 함
께 스위스로 밀입국하였다. 그녀는 전쟁 중 물자 부족으로 결핵이 악
화되었으나, 전쟁이 끝난 뒤 개발된 항균제 스트렙토마이신으로 결

핵을 치료하면서 조금씩 건강을 되찾았다.

이렌은 원자폭탄에 관한 책임 의식을 가지고 핵무기 금지와 여권 신장을 위한 국제회의에 참석했다. 후에 오르세의 핵 연구센터로 자리를 옮겨 1956년 1월까지 연구를 계속하였다. 그해 2월에 백혈병을 진단받은 이렌은 3월 17일에 58세의 나이로 세상을 떠났다.

중성자의 발견 _ 당구공을 움직이려면 쌀알이 아니라 당구공이 필요해

정교수   두 번째 퀴리 부부(이렌과 프레데리크 졸리오퀴리)가 1935년 노벨 화학상을 받는 데 결정적인 영향을 주었던 과학자들의 연구를 먼저 살펴볼 필요가 있어.

톰슨이 발견한 전자는 음의 전기를 가지고 있다. 물론 전자는 원자 속에 있다. 그런데 원자는 전기적으로 중성이니까, 원자 속에는 전자가 가진 음의 전기와 크기가 같은 양의 전기가 있어야 한다. 이 사실을 처음 알아낸 사람은 톰슨의 제자인 러더퍼드였다.

1911년 러더퍼드는 실험을 통해 원자의 중심에 양의 전기를 띤 작은 부분이 있고, 그 주위를 전자가 돌고 있다는 것을 발견했다. 그는 양의 전기를 띤 부분에 원자핵이라고 이름을 붙였다.

그 후 과학자들은 수소의 원자핵이 양의 전기를 띤 양성자라는 입자임을 알아냈다. 러더퍼드의 실험 결과 양성자의 질량은 전자의 질량의 약 1840배 정도였다. 과학자들은 원자핵이 양성자만으로 이루어져 있다고 생각했다. 하지만 문제가 발생했다.

화학양 어떤 문제지요?

정교수 전자가 너무 가볍기 때문에 원자량은 원자핵의 질량으로 볼수 있어. 그런데 수소 다음으로 가벼운 원소인 헬륨의 원자량은 수소의 원자량의 네 배가 되네. 헬륨의 원자핵이 4개의 양성자로 이루어져 있다면 그 주위를 4개의 전자가 돌고 있어야 하지. 하지만 헬륨이 가진 전자는 2개였어. 그렇다면 헬륨이 항상 양의 전기를 띠어야 하는데, 헬륨은 전기를 띠지 않아. 그러니까 원자핵이 모두 양성자만으로 이루어져서는 안 되네. 이 문제를 해결하기 위해 1920년 러더퍼드는 핵 안에 전기를 띠지 않은 중성의 입자가 있어야 한다고 주장하지.

화학양 핵 안에 양성자가 아닌 다른 입자가 있다는 얘기군요.

정교수 그렇네. 이 입자는 나중에 중성자라고 불리게 되었어. 그 발견에 가장 큰 역할을 한 사람은 독일의 물리학자 보테야. 그에 대해서 먼저 알아보겠네.

보테는 독일 북부의 오라니엔부르크에서 태어나 베를린 훔볼트 대학에서 물리학을 공부했다. 1913년에 그는 독일 물리 기술 연구소(PTR)에 들어가 1930년까지 그곳에서 연구를 했다. 1912년부터 가이거가 그 연구소의 새로운 방사능 연구소 소장으로 임명되어 일하고 있었다. 1913년에서 1920년까지 보테는 가이거의 조수로 지냈으

보테(Walther Wilhelm Georg Franz Bothe, 1891~1957, 1954년 노벨 물리학상 수상)

며, 1927년부터 1930년까지 가이거의 뒤를 이어 방사능 연구소 소장으로 일했다.

한편 제1차 세계대전 중인 1914년 5월, 보테는 독일 기병대에 자원입대했다. 그리고 포로로 잡혀 5년 동안 러시아에 수감되었다. 그곳에서 그는 러시아어를 배웠고 박사 과정과 관련된 이론 물리학 문제를 풀었다. 1920년 그는 러시아 신부와 함께 독일로 돌아왔다.

러시아에서 돌아온 보테는 PTR의 가이거가 이끄는 방사능 연구소에서 계속 근무했다. 1924년 그는 핵반응, 콤프턴 효과, 빛의 파동-입자 이중성에 대한 실험적 연구를 했고, 이 업적으로 1954년에 노벨 물리학상을 수상했다.

1927년 보테는 알파 입자의 충격을 통한 가벼운 원소의 변환 연구를 시작했다. 1929년 그는 콜회르스터(Werner Kolhörster), 로시(Bruno Rossi)와 함께 우주에서 오는 방사선 연구에 뛰어들었다. 1930년에는 기센 대학의 물리학과 교수가 되었으며, 베커(Herbert

세상에서 가장 쉬운 과학 수업 방사선과 원소

Becker)와 공동 연구로 폴로늄에서 나온 알파 방사선을 베릴륨에 쪼였을 때 미지의 방사선이 나온다는 것을 발견했다. 이 방사선은 베릴륨선이라고 불렸다.

화학양 미지의 방사선이 뭔가요?

정교수 이 방사선은 전기를 띠지 않았어. 그러므로 양의 전기를 띤 알파 방사선과는 다르지. 당시에는 전기를 띠지 않은 물질이 빛(전자기파)밖에 없었으므로 보테는 이 방사선이 감마 방사선일 것으로 생각했네. 1932년 마리 퀴리의 딸과 사위인 졸리오퀴리 부부는 보테가 발견한 베릴륨선을 파라핀과 같이 수소 원자가 많이 들어 있는 물질에 쪼였을 때 양성자가 튀어나온다는 사실을 알아냈어. 그들 역시 베릴륨선의 정체가 감마 방사선이 틀림없다고 생각했지. 하지만 이 해석에 의문을 제기한 물리학자가 있었네.

화학양 그게 누군가요?

정교수 바로 중성자를 발견한 영국의 채드윅이야. 그가 어떻게 연구를 시작하게 되었는지 살펴보도록 하지.

채드윅은 1891년 10월 20일 영국 체셔주 볼링턴에서 목화 방적공인 존 조지프 채드윅과 가사 도우미인 앤 메리 놀스의 첫째 아이로 태어났다. 그는 볼링턴 크로스 초등학교와 맨체스터에 있는 중앙 문법학교에 다녔다. 그 후 1908년에 맨체스터 빅토리아 대학교에 입학하기로 했다. 그는 수학을 공부하려고 했지만 실수로 물리학과에 등

채드윅(Sir James Chadwick, 1891~1974,
1935년 노벨 물리학상 수상)

록했다. 대부분의 학생들과 마찬가지로 집에서 살았기에 그는 매일 6.4km를 걸어서 집과 학교를 오갔다.

어느 날 물리학과의 책임자인 어니스트 러더퍼드는 졸업을 앞둔 학생들에게 연구 프로젝트를 할당했다. 그는 채드윅에게 서로 다른 두 물질에서 나오는 방사선의 에너지양을 비교하는 방법을 고안하도록 지시했다. 이 문제를 해결한 채드윅은 1912년에 러더퍼드와 공동 저자로 첫 논문을 게재하게 되었다.

감마선을 측정하는 방법을 고안한 채드윅은 다양한 기체와 액체에 의한 감마선의 흡수를 측정하기 시작했다. 이번에는 결과에 관한 논문이 그의 이름을 단독으로 내걸고 출판되었다. 그는 1912년에 이학 석사 학위를 받았고, 이듬해 '1851년 장학금'을 받아 유럽 대륙의 다른 대학에서 공부하고 연구할 기회가 생겼다.

가이거에게 베타 방사선 연구를 배우기 위해 채드윅은 1913년 베

세상에서 가장 쉬운 과학 수업 방사선과 원소

를린의 물리 기술 연구소(PTR)에 가기로 결정했다. 그곳에서 그는 가이거가 최근에 개발한 가이거 계수기로 초기 사진 기술보다 더 높은 정확도를 제공하여, 베타 방사선이 이전에 생각했던 것처럼 불연속적인 선을 생성하지 않고, 오히려 특정 영역에서 피크가 있는 연속 스펙트럼을 생성한다는 것을 알아냈다.

채드윅은 제1차 세계대전이 시작될 때 독일에 있었고 베를린 근처의 룰레벤 수용소에 갇혀 있었다. 그는 그곳 마구간에 실험실을 만들어 방사성 치약을 이용해 방사선에 대한 연구를 지속했다. 1918년 11월 독일과의 휴전 협정이 발효된 후 석방된 그는 맨체스터에 있는 부모님의 집으로 돌아갔다.

러더퍼드는 채드윅에게 맨체스터에서 시간제 교직을 맡겼고, 채드윅은 강의와 연구를 계속할 수 있었다. 그는 백금, 은, 구리의 핵전하를 관찰했고, 실험적으로 이것이 1.5% 미만의 오차 내에서 원자번호와 동일하다는 것을 발견했다. 1919년 4월에 러더퍼드가 케임브리지 대학의 캐번디시 연구소 소장이 되었고, 채드윅은 몇 달 후 그곳에 합류했다. 채드윅은 1920년에 클러크−맥스웰 장학금을 받았고 케임브리지의 곤빌 앤드 카이우스 칼리지에 박사과정(PhD) 학생으로 등록했다. 그의 논문 전반부는 원자번호, 후반부는 핵 내부의 힘에 대한 연구였다. 그는 이 연구로 1921년 6월에 박사 학위를 받고 11월에 곤빌 앤드 카이우스 칼리지의 교수가 되었다.

화학양 채드윅은 어떻게 중성자를 발견했나요?

정교수 그는 졸리오퀴리 부부의 실험을 다시 들여다보았네.

화학양 베릴륨선을 파라핀과 같이 수소 원자가 많이 들어 있는 물질에 쪼였을 때 양성자가 튀어나온다는 것 말인가요?

정교수 그렇네. 채드윅은 졸리오퀴리 부부의 해석에 문제가 있음을 발견했어. 감마선은 질량이 없는 광자로 이루어진 빛이야. 비록 감마선이 에너지는 크지만 질량이 없는 입자들이 어떻게 전자보다 약 1840배 무거운 양성자를 튕겨 낼 수 있을까 하는 의문을 가지게 되었네. 그는 베릴륨선을 수소를 가득 채운 이온화상자(ionization chamber)에 충돌시켰을 때 수소 원자가 얼마나 되튕기는가를 이용했어. 이로써 베릴륨선을 구성하는 입자의 질량이 양성자와 거의 같음을 알아냈지.

화학양 어떻게 질량이 거의 같은지를 알 수 있었죠?

정교수 가령 당구대 위에 놓여 있는 당구공에 쌀알을 던지면 당구공이 움직이지 않아. 이것은 쌀알이 가벼워서 운동에너지가 작으므로 정지해 있는 당구공을 움직이게 할 만한 충분한 에너지를 갖지 못하기 때문이야. 그러나 만일 쌀알 대신 당구공을 던진다면 정지해 있는 당구공은 쉽게 움직이게 되지. 이것은 던진 당구공의 운동에너지가 정지해 있는 당구공을 움직이기에 충분히 컸다는 것을 의미하네.

채드윅은 졸리오퀴리 부부가 베릴륨선이 감마선일 거로 예측한 것은 쌀알로 당구공을 움직이게 하겠다는 얘기이므로 옳지 않다고 생각했어. 그는 베릴륨선의 정체가 중성이지만 양성자와 거의 같은 질량을 가진 새로운 입자이어야 한다고 생각했네. 그리고 그 입자의 이름을

세상에서 가장 쉬운 과학 수업 방사선과 원소

중성자라고 불렀지.

화학양   당구공을 던져 정지해 있는 당구공을 움직이게 하는 것처럼 말인가요?

정교수   맞아. 채드윅은 중성자가 전기를 띠지 않기 때문에 원자핵 속의 양성자에 의한 전기적 영향력을 받지 않아 쉽게 물질 속을 통과할 수 있다고 생각했어. 그는 중성자의 발견으로 1935년 노벨 물리학상을 받네.

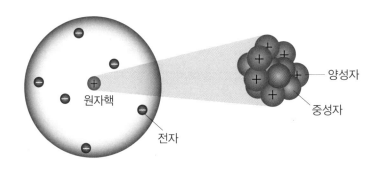

화학양   그렇다면 보테가 중성자를 발견한 셈이지 않나요?

정교수   과학에서는 올바른 해석이 중요해. 만약 보테와 졸리오퀴리 부부가 베릴륨선을 감마선으로 생각하지 않고, 채드윅처럼 중성의 새로운 입자로 보고 그 입자의 질량에 대한 언급을 했다면 그들이 중성자 발견으로 노벨 물리학상을 받았겠지. 하지만 잘못된 해석에는 노벨상이 수여되지 않는다네.

화학양   그렇군요. 구슬이 서 말이라도 꿰어야 보배라는 속담이 생각나네요.

정교수   재미있는 비유군. 채드윅의 중성자 발견에 대한 소식을 전해 들은 하이젠베르크는 곧바로 원자핵 모형을 만들었어. 그의 모형에 따르면 원자번호가 Z인 원자의 경우 원자핵은 Z개의 양성자로 구성되고 그 주위에 Z개의 전자가 있지.

화학양   그러면 중성자의 개수는 몇 개인가요?

정교수   우선 전자의 질량은 중성자나 양성자에 비해 너무 작아서 거의 무시할 수 있어. 그렇다면 원자의 질량은 거의 원자핵의 질량이라고 볼 수 있고, 원자핵은 양성자와 중성자로 이루어져 있어. 양성자와 중성자가 핵을 구성하는 입자이므로 이들을 핵자(nucleon)라고 부르네. 중성자의 개수를 N이라 하고 핵자의 수를 A라고 하면

$$A = Z + N$$

이 성립하지. 원자의 질량을 원자량이라고 부르는데, 양성자와 중성자의 질량이 거의 비슷하므로 핵자의 수에 양성자의 질량을 곱하면 원자량과 비슷해지네. 핵자의 수를 흔히 질량수라고 부른다네.

화학양   그렇다면 양성자의 개수는 같으면서 중성자의 개수는 다른 원소도 있겠군요.

정교수   그런 원소들을 동위원소라고 부르네. 이들 사이에는 오로지 원자량의 차이만 있어. 예를 들어 흔히 말하는 수소는 양성자 한 개로 이루어진 원자핵을 갖고 있지. 따라서 질량수는 1이야. 그러나 흔하지는 않지만 양성자 한 개와 중성자 한 개로 구성된 핵을 갖고 있는

수소도 존재하네. 이 원자는 질량수가 2인데 이것은 중수소[8]라고 부르는 수소의 동위원소야. 천연에 존재하는 비율은 질량수 1인 수소가 99.985%, 중수소가 0.015%이지. 더 자세한 이야기는 여섯 번째 만남에서 하도록 하겠네.

인공 방사성 원소 _ 수정된 가설 그 이상의 의미

정교수 이제 졸리오퀴리 부부가 1935년 노벨 화학상을 받은 연구에 대해 얘기해 보겠네.

졸리오퀴리 부부의 공동 연구는 1929년부터 시작되었다. 그들은 폴로늄에서 나오는 알파 입자를 다른 물질에 쏘았을 때 일어나는 변화를 관찰하는 작업에 착수했다. 방사선 소스인 폴로늄을 다루는 일은 10대 시절부터 작업을 해왔던 이렌 퀴리의 전문 분야였다. 프레데리크 졸리오는 알파 입자나 양전자[9] 같은 입자의 궤적이 나타나는 이온화상자나 안개상자(cloud chamber) 장비를 개선하는 일을 담당했다.

1933년 초 졸리오퀴리 부부는 붕소, 플루오린, 알루미늄, 나트륨,

---

8) 여기서 '중'은 한자로 무거울 중(重) 자를 의미한다.

9) 전자와 질량은 같지만 양의 전기를 띤 입자

베릴륨 등의 원자에 알파 입자를 쏘는 실험을 하는 중이었다. 당시 연구자들은 원자핵에 알파 입자를 충돌시키면 원자핵이 붕괴되고 그 결과 양성자가 방출된다고 생각했다. 졸리오퀴리 부부도 이런 실험 결과를 예상하면서 다양한 원자핵에 알파 입자를 쏘았다. 그리고 기대했던 것처럼 대부분의 원소에서 양성자 방출이 관찰되었다. 하지만 그것이 끝이 아니었다. 대부분의 원소에서는 중성자 방출과 양전자도 관찰되었다. 또한 베릴륨에서는 양성자 방출을 찾아볼 수 없었다.

이에 대해 졸리오퀴리 부부는 다음과 같은 가설을 세웠다.

알파 입자를 쏜 원자핵에서는 일차적으로 양성자가 발생하는데, 때로는 양성자가 중성자와 양전자로 붕괴되어 방출되기도 한다. 즉, 중성자와 양전자의 방출은 양성자의 붕괴로 인한 2차 산물이기 때문에, 원자핵에서는 양성자, 중성자, 양전자가 동시에 발견되는 것이다. 그런데 베릴륨에서는 양성자가 검출되지 않고 중성자와 양전자만 관측되었다. 이는 베릴륨에서 발생하는 중성자와 양전자가 양성자의 붕괴로 인한 결과물이 아니라는 것을 의미한다. 일차적으로 발생한 양성자가 100% 중성자와 양전자로 붕괴할 가능성은 없기 때문이다.

이 가설로부터 졸리오퀴리 부부는 베릴륨에서 나오는 중성자는 알파 입자에 의한 것이지만, 양전자는 폴로늄에서 방출되는 감마선이 베릴륨의 핵에서 전자와 양전자의 쌍으로 변환되어 나온 것이라고 해석했다.

그해 10월에 열린 제7차 솔베이 회의에서 졸리오퀴리 부부가 이러한 결과를 발표했을 때 학자들의 반응은 호의적이지 않았다. 특히 베를린 대학에서 온 여성 물리학자 리제 마이트너(Lise Meitner)는 본인도 그 실험을 했지만 양성자만 관찰할 수 있었다면서 그들의 주장을 반박했다. 양전자가 방출된다면 그 양전자가 어디에서 나오는지를 설명하기 어렵다는 점도 반박의 주요한 근거 중 하나로 제시되었다.

실망에 차서 파리로 돌아온 부부는 자신들의 가설을 입증하기 위한 실험 설계에 나섰다. 중성자와 양전자의 방출이 항상 같이 일어난다는 것을 보여주기 위해 얇은 알루미늄판에 쏘는 알파 입자의 에너지를 감소시키면서 방출되는 입자를 관찰했다. 그들은 얇은 알루미늄판에 알파 입자를 쏘면, 알파 입자가 알루미늄 원자핵에 잡혔다가 양성자로 방출되거나 또는 중성자와 양전자로 방출될 것으로 생각했다. 알파 입자의 에너지를 감소시켜 원자핵에서 변환을 일으킬 만큼의 충분한 에너지가 주어지지 않는다면, 중성자뿐만 아니라 양전자도 방출되지 않을 것으로 예상하고 실험을 수행했다.

결과는 놀라웠다. 알파 입자의 에너지가 감소함에 따라 어느 시점에서 중성자는 방출되지 않았다. 하지만 양전자는 알파 입자를 더 이상 쏘지 않을 때에도 일정 시간 방출되는 게 관찰되었던 것이다. 이는 중성자와 양전자가 함께 방출된다는 그들의 가설이 틀렸다는 것 이상의 의미를 내포하는 결과였다.

폴로늄 소스를 제거하여 더 이상 알파 입자가 나오지 않을 때, 알루미늄판에서 중성자는 나오지 않았지만 그 상태에서도 양전자는 방출되었다. 이는 중성자 발생은 알파 입자에 의한 것이지만, 양전자의 발생은 알파 입자에 의한 일차적인 효과가 아니라는 것을 의미한다. 거기에 양전자가 방출되는 양상이 일반적인 방사성 원소에서 보이는 특징, 즉 시간에 따라 지수적으로 감소하는 양상을 띠는 것은 양전자의 방출이 방사성 원소의 붕괴 결과임을 뜻한다. 추가적인 실험 결과로 졸리오퀴리 부부는 이 방사성 원소의 반감기가 3분 15초임을 알아냈다. 또한 알파 입자를 쏜 알루미늄을 염산에 녹였을 때 나오는 수소를 모은 시험관이 방사능을 띠는 것을 통해 방사성 동위원소가 포함되어 있다는 것도 확인했다.

결국 그들은 알루미늄에 알파 입자를 쏘아 알루미늄 원자핵(원자번호 13, 원자량 27)을 인의 방사성 동위원소(원자번호 15, 원자량 30)로 변환하는 데 성공했다. 졸리오퀴리 부부는 붕소와 마그네슘에 대해서도 동일한 실험을 수행했다. 그 결과 붕소는 반감기 14분, 마그네슘은 반감기 25분인 동위원소로 변환된다는 것을 알아냈다.

한 달 후 그들이 쓴 논문은 《네이처(Nature)》에 실렸다. 이 논문은 겨우 한 페이지에 불과했다. 그러나 처음으로 인간이 하나의 원자를 다른 종류의 원자로 바꿀 수 있다는 것을 보여주는 기념비적인 논문이 되었다.

화학양 마리 퀴리는 방사선을 내는 새로운 원소를 발견하고, 그녀의 딸은 인공적으로 방사선을 내는 원소를 찾아냈군요. 정말 대단한 가문이에요.

정교수 그렇지. 1935년 이렌 퀴리와 프레데리크 졸리오는 인공 방사성 원소의 발견으로 노벨 화학상을 수상했어. 1903년 피에르와 마리 퀴리의 노벨 물리학상 공동 수상, 1911년 마리 퀴리의 노벨 화학상에 이은 퀴리 가문의 세 번째 노벨상 수상이었지. 마리 퀴리는 딸 부부의 발견에 "오래된 우리 연구소가 영광스러운 날들로 다시 돌아가겠구나!"라며 감격했어. 하지만 안타깝게도 다음 해에 열린 시상식을 보지 못하고 1934년 여름에 눈을 감았네.

인공 방사성 원소 변환의 발견 이후 이렌 퀴리와 프레데리크 졸리

졸리오퀴리 부부

오의 공동 연구는 줄어들었다. 이렌 퀴리의 논문 75편 중 두 사람의 공동 연구는 33편에 해당하는데, 이것은 1929년부터 4~5년간에 집중되었고 그 뒤에는 각자의 길을 걸었다. 프레데리크 졸리오는 핵물리학 쪽으로 연구의 방향을 선회한 반면, 이렌 퀴리는 폴로늄을 이용한 방사능 연구에 계속 매진했다.

하지만 노벨상 수상 후 이렌 퀴리는 몇 차례를 제외하고는 대중들의 시선 속에서 멀어져 갔다. 그녀는 파시즘에 반대하는 좌파적인 정치적 입장을 가지고 있었고, 이런 정치 지향 속에서 1936년 잠깐 국무부 과학 연구 차관에 오르기도 했지만 그 외에는 조용한 삶을 살았다. 라듐 연구소에 몸담고 있었으나 연구소 운영은 부모님의 공동 연구자였던 드비에른에게 맡기고 본인은 연구에만 전념했다. 프레데리크 졸리오가 공산당에 가입하고 정치적 입장을 공개적으로 표명하며 제2차 세계대전 중에 프랑스 레지스탕스를 이끌었던 것과는 대조적인 모습이다.

노벨상 이후, 그리고 제2차 세계대전의 소용돌이 속에서 이렌 퀴리는 앞에 나서는 것을 포기했다. 대신에 아이들을 돌보는 데 많은 시간을 할애했다. 어린 딸을 시아버지에게 맡기고 연구에 빠져 살았던 어머니로 인해 느꼈던 외로움을 자식들에게는 물려주지 않기 위해서였다. 오랜 세월 방사능에 노출되면서 생긴 건강 이상도 이렌 퀴리의 연구와 사회 활동을 종종 중단시켰다. 1956년 그녀는 예기치 못한 이른 나이에 방사선에 의한 병으로 세상을 떠났다.

여섯 번째 만남

　·

새로운 원소 발견과
원자핵 분열

러더퍼드의 원자핵 모형 _ 중성자 발견 이전의 원자핵에 대한 생각

정교수　중성자가 발견되기 전 원자핵에 대해 고민했던 과학자들의
이야기로 시작해 볼까?

화학양　다시 과거로 가는군요.

정교수　중성자 발견이 얼마나 위대한 것인지 알려면 과거를 살펴봐
야 해. 다섯 번째 만남에서 언급한 러더퍼드의 이야기를 좀 더 보강해
보겠네.

헬륨의 원자핵은 수소의 원자핵보다 4배 무겁다. 그리고 수소의
원자핵은 양성자 하나로만 이루어져 있다. 원자핵이 양성자들로만
구성되어 있다고 생각한 러더퍼드는 헬륨에 대해 다음과 같이 주장
했다.

헬륨의 원자핵에는 네 개의 양성자가 들어 있다. 헬륨이 전기를 띠
지 않기 위해서는 네 개의 전자가 있어야 하는데, 두 개의 전자는 원
자핵 주위를 빙글빙글 돌고 나머지 두 개의 전자는 원자핵 안에서 양
성자와 복합체를 형성한다. 즉, 헬륨의 원자핵에는 자유로운 양성자
두 개와 양성자-전자 복합체 두 개가 있다.

러더퍼드가 생각한 헬륨 원자는 다음 그림과 같다. 앞으로 양성자
는 p, 전자는 e로 나타낸다.

　　　　　세상에서 가장 쉬운 과학 수업 방사선과 원소

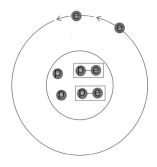

　　러더퍼드는 양성자–전자 복합체가 마치 하나의 중성을 띤 입자처럼 보인다고 여겼다. 그리고 원자번호는 복합체를 이루지 않는 양성자의 수라고 주장했다.

화학양　두 종류의 전자가 있군요.

정교수　맞아. 원자핵 안에서 양성자–전자 복합체를 이루는 전자와 원자핵 주위를 빙글빙글 도는 전자, 이렇게 두 종류이지. 러더퍼드의 원자핵 모형은 원자량을 잘 설명할 수 있었어.

화학양　양성자–전자 복합체가 나중에 중성자로 바뀌는 건가요?

정교수　그렇다네. 중성자가 발견되기 전까지는 러더퍼드처럼 생각할 수밖에 없었겠지. 이렇게 새로운 입자의 발견이 잘못된 이론을 바로잡게 되는 거야.

화학양　러더퍼드는 원자핵에서 알파 방사선이나 베타 방사선이 튀어나오는 과정을 어떤 식으로 설명했죠?

정교수　러더퍼드와 소디(Frederick Soddy)는 방사능 원소가 알파 방사선이나 베타 방사선을 방출하면 다른 원소로 바뀐다는 것을 실험을 통해 알아냈어. 이렇게 원소의 모습을 유지하지 못하고 다른 원소로 바뀌는 것을 붕괴라고 하는데, 알파 방사선을 방출한 붕괴를 알파 붕괴, 베타 방사선을 방출한 붕괴를 베타 붕괴라고 부른다네.

1913년 소디와 파얀스(Kasimir Fajans, 1887~1975)는 독립적으로 다음과 같은 사실을 알아냈다. 이것을 파얀스·소디의 법칙이라고 부른다.

- 알파 방사선을 방출하면 원자번호는 2가 감소하고 질량수는 4가 감소한다.
- 베타 방사선을 방출하면 원자번호는 1이 증가하고 질량수의 변화는 없다.

화학양 질량수가 뭐죠?

정교수 어떤 원자핵이 수소 원자핵의 질량의 n배이면 그 원자핵의 질량수는 n이라고 정의하지.

화학양 수소 원자핵의 질량수는 1, 헬륨 원자핵의 질량수는 4가 되는군요.

정교수 그렇네. 알파 붕괴 과정을 보면 알파 입자는 질량수가 4이고 원자번호가 2가 되어야 하지? 그러니까 알파 입자는 바로 헬륨 원자핵인 거야.

화학양　베타 붕괴 과정에서는 질량수의 변화가 없네요.

정교수　전자의 질량이 너무 작아 무시해도 되어서 그래. 베타 입자는 바로 전자들이라네.

러더퍼드는 베타 붕괴 과정에서 튀어나오는 베타 방사선(전자들)은 원자핵 속의 양성자-전자 복합체 속의 전자가 튀어나오는 것이라고 생각했다. 예를 들어 붕괴 전의 원자핵의 모습이 다음 그림과 같다고 하자.

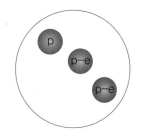

러더퍼드는 양성자-전자 복합체 중 하나의 복합체가 분리되면서 전자가 튀어나와 베타 방사선이 된다고 설명했다.

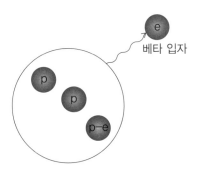

베타 입자

그러니까 베타 입자 하나가 탈출하면 양성자—전자 복합체가 자유로운 양성자로 바뀐다. 그 후 자유로운 양성자가 하나 늘었으므로 원자번호가 1이 증가한다는 것이 러더퍼드의 생각이었다.

동위원소 _ 같은 듯 다른 원소들

정교수　이번에는 다섯 번째 만남에서 언급했던 동위원소의 발견에 대한 역사를 살펴볼 거야.

화학양　동위원소는 화학적인 성질은 같지만 물리적인 성질은 다른 원소라고 화학 시간에 배웠어요.

정교수　맞아. 화학 반응에서는 같은 원소처럼 반응하지. 하지만 동위원소는 원래의 원소와 질량이 달라. 더 가벼울 수도 있고 더 무거울 수도 있네. 또 원래의 원소는 방사능이 없지만 동위원소는 방사능을 가질 수도 있어.

1910년 소디는 우라늄이 방사선을 방출하면서 다른 원소로 바뀌고, 다시 방사선을 방출하면서 또 다른 원소로 바뀌는 과정이 계속된다는 것을 알아냈다. 여기에서 그는 자신이 찾아낸 메조토륨, 토륨 X가 라듐(Ra)과 화학적 성질이 같음을 발견했다. 그는 1913년 화학적 성질이 같은 서로 다른 원소들이 있다고 주장했는데, 그것이 동위원소에 대한 최초의 언급이었다.

세상에서 가장 쉬운 과학 수업 방사선과 원소

소디(Frederick Soddy, 1877~1956,
1921년 노벨 화학상 수상

채드윅의 중성자 발견 후 메조토륨과 토륨 X는 라듐의 동위원소라
는 것이 밝혀졌다. 기존의 라듐은 질량수가 226인데, 메조토륨은 질
량수가 228인 라듐, 토륨 X는 질량수가 224인 라듐으로 화학적인 성
질은 세 원소 모두 동일하다. 이것이 바로 동위원소에 대한 최초의 발
견이다. 동위원소는 영어로 isotope라고 쓰는데 이는 그리스어로 '같
은 장소에서'라는 뜻이다. 동위원소라는 이름은 스코틀랜드의 물리
학자 토드(Margaret Todd)가 처음 제안했다.

소디는 많은 실험을 통해 원자번호 92, 질량수 235인 우라늄(U)이
알파 붕괴 하면서 원자번호 90, 질량수 231인 토륨(Th)[10]이 된다는
것을 발견했다. 또한 원자번호 89, 질량수 230인 악티늄(Ac)[11]이 베
타 붕괴 하면서 원자번호 90, 질량수 230인 토륨이 됨을 알아냈다. 이

---

10) 가장 안정된 토륨의 질량수는 232이다.

11) 1899년에 프랑스의 화학자 드비에른(André-Louis Debierne, 1874~1949)이 발견했으
며, 1902년 독일의 화학자 기젤(Friedrich Oskar Giesel, 1852~1927)이 순수한 형태로
분리에 성공했다. 가장 안정된 악티늄의 질량수는 227이다.

실험으로 소디는 질량수가 230인 토륨도 있고 질량수가 231인 토륨도 있다는 것을 찾아냈다. 즉, 토륨의 두 동위원소를 발견한 것이다. 그는 이러한 연구 업적으로 1921년 노벨 화학상을 수상한다.

한편 1912년 영국의 톰슨은 방전관 실험을 하던 도중 네온(Ne)[12]의 동위원소인 질량수 22인 네온을 발견했다. 이때부터 여러 과학자에 의해 가장 안정된 원소에 대한 동위원소들이 우후죽순 발견되기 시작했다.

화학양   다섯 번째 만남에서 수소의 동위원소 이야기를 하셨죠?
정교수   잘 기억하고 있군. 수소의 동위원소를 처음 찾은 사람은 미국의 화학자 해럴드 유리야. 그에 대해 좀 더 알아보겠네.

유리(Harold Clayton Urey, 1893~1981,
1934년 노벨 화학상 수상)

---

12) 가장 안정된 네온의 질량수는 20이다.

유리는 1893년 4월 29일 미국 인디애나주 워커턴에서 태어났다. 그의 아버지는 학교 교사이자 형제 교회의 목사인 새뮤얼 유리(Samuel Clayton Urey)였다. 유리의 어린 시절, 아버지가 결핵에 걸려 그의 가족은 캘리포니아로 이사하였다. 그가 6살이 되던 해 아버지가 돌아가시고 다시 인디애나에서 살았다.

인디애나주 켄들빌에 있는 고등학교를 졸업한 유리는 1911년 얼럼 칼리지에서 교사 자격증을 취득하고 작은 학교의 교사가 되었다. 공부를 계속하고 싶었던 그는 1914년 가을 미줄라에 있는 몬태나 대학교에 입학했고 이곳에서 동물학 학사 학위를 받았다. 같은 해 미국이 제1차 세계대전에 참전하자 유리는 전쟁 참가를 반대했다. 대신에 필라델피아에 있는 배럿 화학 회사에 취직하여 TNT를 만드는 일에 종사했다. 전쟁이 끝난 후에는 몬태나 대학의 화학 강사가 되었다.

1921년 유리는 버클리 대학교에서 열역학을 연구했다. 이상기체의 이온화 상태에 대한 논문을 써서 1923년에 박사 학위를 받은 후, 코펜하겐의 닐스 보어 연구소에서 공부했다. 그는 이곳에서 하이젠베르크, 크라머스, 파울리 등과 친하게 지냈다. 미국으로 돌아온 유리는 존스 홉킨스 대학의 연구원이 되었다. 그 후 컬럼비아 대학교의 화학과 부교수가 되었다.

1920년대에 지오크(William Giauque, 1949년 노벨 화학상 수상)와 존스턴(Herrick Johnston)은 산소의 동위원소를 발견했다. 유리는 1931년부터 가장 가벼운 원소인 수소의 동위원소를 찾는 문제에 도전했다. 그리고 1932년 질량수가 2인 수소의 동위원소를 발견하는

데 성공했다. 그는 이 업적으로 1934년 노벨 화학상을 수상했다.

화학양   질량수가 3인 수소의 동위원소도 있나요?

정교수   천연적으로 존재하지는 않아. 1934년 러더퍼드, 올리펀트(Sir Marcus Oliphant)와 하르텍(Paul Harteck)이 중수소핵끼리 충돌시켜서 질량수가 3인 수소의 원자핵의 존재를 알아냈네. 이것을 삼중수소라고 부르지. 세 사람은 삼중수소를 분리하는 데는 실패했네. 하지만 1939년 앨버레즈(Luis Walter Alvarez, 1968년 노벨 물리학상 수상)와 코노그(Robert Cornog)가 삼중수소를 단독 분리하는 데 성공하지. 게다가 삼중수소가 방사능을 가지고 있다는 것도 발견했어. 그들은 삼중수소가 베타 붕괴 하면서 헬륨의 동위원소인 질량수가 3인 헬륨이 만들어진다는 것을 알아냈어. 질량수가 3인 헬륨을 헬륨-3이라고 부르지.

화학양   동위원소의 발견으로도 여러 명이 노벨상을 탔네요.

정교수   새로운 발견이니까 말이야.

화학양   러더퍼드의 원자핵 모델로는 동위원소를 어떻게 설명하죠?

정교수   러더퍼드는 양성자-전자 복합체 개수가 달라져서 동위원소가 생긴다고 설명했네.

중성자 발견 후 원자핵의 연구 _ 원자핵의 본모습을 찾다

정교수 중성자 발견 후 본격적인 원자핵 연구가 시작된 이야기를 해 보세. 앞으로 중성자는 n이라고 쓰겠네.

화학양 양성자−전자 복합체 이론은 사라지는군요.

정교수 채드윅의 중성자 발견으로 이제 원자핵은 양성자와 중성자로 이루어져 있다는 것이 알려졌어. 이때부터 과학자들은 핵자수가 A 이고 양성자수가 Z인 원소 X를

$$_Z^A X$$

라고 쓰기 시작했지. 중성자 발견으로 수소 원자와 헬륨 원자 사이의 이해할 수 없는 문제가 해결되었네.

중성자를 써서 원자핵을 몇 개 그려 보면 다음과 같아.

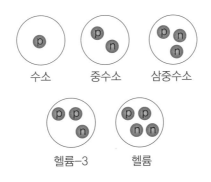

수소   중수소   삼중수소

헬륨−3   헬륨

화학양 중성자의 개수가 달라지면서 동위원소가 생기는군요.

정교수   맞아. 그러니까 헬륨 원자를 그림으로 나타내면 다음과 같지.

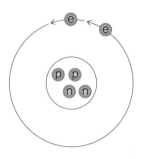

이제 원자핵 안에 전자가 있을 필요는 없어. 전자는 원자핵 주위를 돌기만 할 뿐이야.

화학양   방사선 붕괴는 어떻게 되나요?

정교수   파얀스·소디의 법칙을 다시 쓰면 다음과 같아.

- 알파 붕괴: $^A_Z X \rightarrow {}^{A-4}_{Z-2} Y + ($알파 입자$)$

- 베타 붕괴: $^A_Z X \rightarrow {}^{A}_{Z+1} Y + ($베타 입자$)$

삼중수소핵이 베타 붕괴 하면 헬륨-3이 되고 베타 입자(전자)가 나온다고 했지? 이것을 그림으로 그리면 다음과 같네.

화학양　전자는 어디에서 튀어나온 거죠?

정교수　중성자가 양성자로 바뀌면서 전자가 튀어나오지. 그러니까 베타 붕괴는

$$n \rightarrow p + e$$

라고 쓸 수 있어.

화학양　그렇기 때문에 양성자가 하나 늘어나서 원자번호가 1이 증가하는군요.

누락된 원소들 _ 주기율표의 빈칸을 채워라

정교수　중성자 발견과 베타 붕괴에 대한 올바른 해석 덕분에 새로운 원소들이 계속해서 발견돼. 1936년까지 주기율표는 원자번호 1인 수소부터 92인 우라늄까지 네 개의 빈칸을 제외하고 모든 자리가 채워졌어. 빈칸에 해당하는 원자번호는 43, 61, 85, 87이었지. 과학자들은 이 네 원소를 찾아 주기율표가 완성되기를 희망했다네. 여기에 맨 처음 도전장을 내민 과학자는 이탈리아계 미국인 세그레야. 그의 어린 시절부터 살펴볼까?

　세그레는 1905년 2월 1일 이탈리아의 유대인 가정에서 태어났다. 그의 아버지는 제지 공장을 운영했다. 세그레는 티볼리의 진나시오

세그레(Emilio Gino Segrè, 1905~1989,
1959년 노벨 물리학상 수상)

(우리나라의 중고등학교에 해당)에서 교육을 받았다. 1917년 가족
이 로마로 이주한 후에는 진나시오와 그보다 상급학교인 리체오에서
공부했다. 그는 1922년 7월에 리체오를 졸업하고 로마 대학교 라 사
피엔차에 공학 학생으로 등록했다.

1927년 9월 세그레는 코모에서 열린 볼타 학회에 참석해 보어, 하
이젠베르크, 밀리컨, 파울리, 플랑크, 러더퍼드 등의 강의를 들었다.
이때부터 물리학에 흥미를 느낀 그는 전공을 바꾸어, 페르미 교수의
지도로 물리학을 공부하게 되었다. 1928년부터 1929년까지 이탈리
아군에 복무한 후 실험실로 돌아온 세그레는, 1930년 특정 알칼리
금속에서의 제이만 효과를 연구했다. 그는 1932년 로마 대학의 물리
학 조교수가 되었고, 그 후 팔레르모 대학의 물리학 교수이자 물리학
연구소의 책임자가 되었다.

세상에서 가장 쉬운 과학 수업 방사선과 원소

화학양　세그레가 43번 원소를 발견했나요?

정교수　물론이야.

1937년 세그레는 팔레르모 대학에서 동료인 페리에(Carlo Perrier, 1886~1948)와 함께 43번 원소를 찾는 실험을 시작했다. 세그레는 가장 안정된 몰리브데넘 $^{98}_{42}Mo$와 중수소핵을 충돌시켜 보았다. 중수소핵은 양성자 1개와 중성자 1개로 이루어져 있으므로 ^2_1d로 표시한다. 양성자는 수소의 원자핵이므로 원자번호는 1이고, 핵자수가 1이므로 ^1_1p로 표기한다. 따라서

$$^2_1d + {}^{98}_{42}Mo \rightarrow {}^{99}_{42}Mo + {}^1_1p$$

가 된다. 두 사람은 이 반응을 통해 몰리브데넘의 동위원소 $^{99}_{42}Mo$를 찾았다. $^{99}_{42}Mo$는 불안정하기 때문에 베타 붕괴에 의해 다른 원소로 바뀌었다. 베타 붕괴를 하면 중성자가 양성자로 바뀌므로 원자번호는 1만큼 증가한다.

$$^{99}_{42}Mo \rightarrow {}^{99}_{43}X + e$$

이때 원자번호 43인 질량수 99의 새로운 원소 X가 만들어졌다. 1947년 세그레는 43번 원소가 인공적으로 얻어진 최초의 원소이므로 그리스어의 '인공적인'이라는 뜻을 가진 테크네튬(technetium, Tc)이라고 이름을 붙였다.

1938년 6월, 세그레는 미국 캘리포니아 버클리 대학을 방문한다.

그때 이탈리아 무솔리니의 파시스트 정부는 유대인이 대학교수를 하지 못하게 하는 법을 만들었다. 조국으로 돌아갈 수 없었던 세그레는 버클리 대학에서 연구 조교로 근무하게 되었다.

그는 버클리 대학의 동료 코슨(Dale R. Corson), 매켄지(Kenneth Ross MacKenzie)와 함께 알파 입자로 원자번호 83인 비스무트-209를 충돌시키는 실험을 했다. 이 실험에서 세 사람은 중성자 두 개를 방출하면서 새로운 원소가 나타나는 것을 발견했다. 이것이 바로 원자번호 85인 아스타틴(astatine, At)이다.

화학양 이제 61번과 87번이 남았군요.
정교수 87번이 먼저 발견되었네. 이것을 발견한 과학자는 마리 퀴리와 관련이 있는 프랑스의 여성 화학자인 페레야.

페레(Marguerite Catherine Perey, 1909~1975)는 1909년 마리 퀴리의 라듐 연구소가 있는 파리 외곽의 빌몽블에서 태어났다. 그녀는 의학 공부를 희망했으나 아버지의 죽음으로 가족은 경제적 어려움에 처하게 되었다. 페레는 1929년 파리 여성 교육기술학교에서 화학을 공부했다. 하지만 이 학교는 정식 대학이 아니기 때문에 화학 기술자로 일할 수 있는 자격만 가질 뿐 학사 학위로는 인정되지 않았다. 1929년 19세의 나이에 페레는 라듐 연구소에서 마리 퀴리의 개인 비서로 고용되었다. 이때부터 그녀는 마리 퀴리로부터 방사선에 대해 배울 수 있었다.

라듐 연구소에서 마리 퀴리의 지도 아래 페레는 악티늄에 초점을 맞춰 방사성 원소를 분리하고 정제하는 방법을 배웠다. 페레는 우라늄 광석으로부터 악티늄을 걸러내는 데 10년을 보냈고, 마리 퀴리는 악티늄을 원소의 붕괴 연구에 사용했다. 마리 퀴리는 페레와 일하기 시작한 지 불과 5년 만에 재생 불량성 빈혈로 사망했다. 하지만 페레와 악티늄 발견자인 드비에른은 악티늄 연구를 계속했고, 페레는 방사화학자로 승진했다.

1935년에 페레는 악티늄에서 방출되는 베타 방사선에 대한 연구를 시작했다. 그녀는 순수한 악티늄을 분리하고 그것으로부터 나오는 방사선을 조사했다. 그러다 1939년 질량수가 227인 악티늄이 알파 붕괴 하면서 87번 원소가 나오는 것을 확인하는 데 성공했다. 페레는 논문에서 이 원소를 악티늄-K라고 불렀다가, 나중에 프랑스의 이름을 딴 프랑슘(francium, Fr)이라고 명명했다. 이것이 바로 87번 원소 프랑슘의 발견이다.

1949년 페레는 프랑스 스트라스부르 대학의 핵화학과장이 되었다. 그곳에서 대학의 방사화학 및 핵화학 프로그램을 개발하고 프랑슘에 대한 연구를 지속했다. 또한 1958년에 핵 연구센터의 핵화학 실험실을 설립했고, 1950년부터 1963년까지 원자량 위원회의 위원으로 재직했다. 프랑슘의 발견으로 페레는 노벨상 후보로 다섯 번이나 지명되었지만 한 차례도 수상하지 못했다.

페레는 프랑슘이 암 치료에 도움되기를 바랐지만, 사실 그 자체가 발암 물질이었다. 그녀는 프랑슘으로 인해 골암에 걸려 1975년 5월

13일에 사망했다.

화학양　87번 원소의 발견이 마리 퀴리와 관계가 있었군요. 그럼 61번만 남았네요.

정교수　이제 과학자들은 마지막 누락 원소인 61번 원소를 찾기 시작했네. 이 원소는 1945년 오크리지 국립 연구소에서 발견했는데, 원자로에서 핵분열 후 생성된 물질을 분석하는 과정에서 찾게 되었지. 발견자들은 61번 원소의 이름을 올림포스산에서 불을 훔쳐 인간에게 가져온 그리스 신화의 거인 프로메테우스에서 따와서 프로메튬(promethium, Pm)이라고 불렀다네. 이렇게 해서 1번부터 92번까지의 원소가 모두 발견되었어.

족→	1	2	3	4	5	6	7	8	9	10	11	12	13	14	15	16	17	18
주기↓																		
1	1 H																	2 He
2	3 Li	4 Be											5 B	6 C	7 N	8 O	9 F	10 Ne
3	11 Na	12 Mg											13 Al	14 Si	15 P	16 S	17 Cl	18 Ar
4	19 K	20 Ca	21 Sc	22 Ti	23 V	24 Cr	25 Mn	26 Fe	27 Co	28 Ni	29 Cu	30 Zn	31 Ga	32 Ge	33 As	34 Se	35 Br	36 Kr
5	37 Rb	38 Sr	39 Y	40 Zr	41 Nb	42 Mo	43 Tc	44 Ru	45 Rh	46 Pd	47 Ag	48 Cd	49 In	50 Sn	51 Sb	52 Te	53 I	54 Xe
6	55 Cs	56 Ba	*	71 Lu	72 Hf	73 Ta	74 W	75 Re	76 Os	77 Ir	78 Pt	79 Au	80 Hg	81 Tl	82 Pb	83 Bi	84 Po	85 At	86 Rn
7	87 Fr	88 Ra		89 Ac	90 Th	91 Pa	92 U											

*	57 La	58 Ce	59 Pr	60 Nd	61 Pm	62 Sm	63 Eu	64 Gd	65 Tb	66 Dy	67 Ho	68 Er	69 Tm	70 Yb

세상에서 가장 쉬운 과학 수업 방사선과 원소

초우라늄 원소 _ 과학계가 공인한 118번까지

화학양　92번이 우라늄이면 93번, 94번과 같은 원소들도 있나요?

정교수　물론이네. 그런 것들을 초우라늄 원소라고 하는데 지금부터 그 발견에 대한 이야기를 할 거야.

1939년 미국의 맥밀런(Edwin McMillan, 1907~1991, 1951년 노벨 화학상 수상)은 핵자수가 238인 우라늄-238을 중성자로 때려 우라늄-239를 얻었다. 이 원소는 불안정하기 때문에 베타 붕괴 하여 원자번호 93인 새 원소로 바뀌었다. 우라늄이 천왕성을 뜻하는 우라노스에서 따온 이름이므로, 맥밀런은 이 원소를 해왕성을 뜻하는 넵튠을 따서 넵투늄(neptunium, Np)이라고 불렀다.

1940년 미국의 시보그(Glenn Theodore Seaborg, 1912~1999, 1951년 노벨 화학상 수상)는 우라늄-238을 중수소핵으로 때려 넵투늄-238을 만들었다. 이 원소는 불안정하여 베타 붕괴를 해서 원자번호 94인 새 원소로 바뀌었다. 이것은 명왕성을 뜻하는 플루토를 따서 플루토늄(plutonium, Pu)이라고 불렀다.

이런 방법으로 새로운 원소가 속속 출현하여 현재는 118종의 원소가 존재한다. 앞으로 119번 이상의 원소가 발견될지도 모른다. 하지만 현재까지 과학계가 공인한 원소는 118개이다. 93번부터 118번까지 원소의 이름과 원소기호는 다음과 같다.

93	넵투늄 Np	106	시보귬 Sg
94	플루토늄 Pu	107	보륨 Bh
95	아메리슘 Am	108	하슘 Hs
96	퀴륨 Cm	109	마이트너륨 Mt
97	버클륨 Bk	110	다름슈타튬 Ds
98	캘리포늄 Cf	111	뢴트게늄 Rg
99	아인슈타이늄 Es	112	코페르니슘 Cn
100	페르뮴 Fm	113	니호늄 Nh
101	멘델레븀 Md	114	플레로븀 Fl
102	노벨륨 No	115	모스코븀 Mc
103	로렌슘 Lr	116	리버모륨 Lv
104	러더포듐 Rf	117	테네신 Ts
105	더브늄 Db	118	오가네손 Og

93번부터의 원소 이름은 대부분 유명한 과학자의 이름을 땄다. 예를 들어 96번 퀴륨은 마리 퀴리, 99번 아인슈타이늄은 아인슈타인, 100번 페르뮴은 페르미, 101번 멘델레븀은 멘델레예프, 102번 노벨륨은 노벨, 103번 로렌슘은 로런츠의 이름에서 나온 것이다.

또한 수많은 새로운 원소가 미국 캘리포니아주 버클리 대학에서 발견되었다. 따라서 95번은 아메리카를 나타내는 아메리슘, 97번은 버클리를 의미하는 버클륨, 98번은 캘리포니아를 뜻하는 캘리포늄으로 명명되었다.

세상에서 가장 쉬운 과학 수업 방사선과 원소

화학양 모스코븀과 니호늄은 어떤 과학자의 이름이죠?

정교수 모스코븀은 러시아 모스크바 외곽에 있는 두브나 원자핵 공동연구원(JINR)에서 발견되어 붙은 이름이야. 니호늄은 2004년 9월 28일, 일본의 이화학 연구소가 발견에 성공해서 일본을 나타내는 니혼(日本)에서 가져와 명명한 걸세.

화학양 한국늄이나 코리아늄이 없어서 아쉽네요.

정교수 나도 같은 생각이야. 이렇게 초우라늄 원소들이 발견되면서 주기율표는 다음과 같은 모습으로 완성되지.

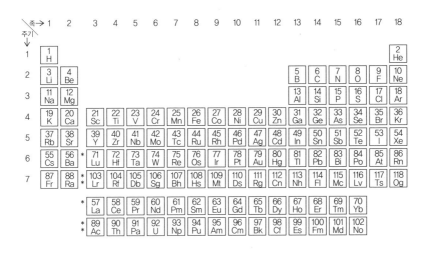

화학양 아름답네요.

제2차 세계대전과 원자폭탄 _ 엄청난 에너지와 괴물 같은 무기의 탄생

정교수   지금부터는 원자핵 분열에 대한 이야기를 하려고 해.

화학양   원자폭탄 이야기인가요?

정교수   나쁜 용도로 쓰면 원자폭탄이고 좋은 용도로 사용하면 원자력 발전이 되지. 원자핵 분열은 제2차 세계대전과 밀접한 관계가 있어. 그래서 제2차 세계대전의 역사를 곁들여서 이야기해 보겠네.

베르사유 조약

세상에서 가장 쉬운 과학 수업 방사선과 원소

제1차 세계대전에서 패배한 독일은 1919년 6월 28일 프랑스 베르사유궁에서 조약을 맺었다. 그 내용은 더 이상 징병제를 하지 않으며, 전쟁으로 손해를 입은 프랑스와 벨기에 등의 나라에 보상금을 지급하겠다는 것이다. 이게 바로 유명한 베르사유 조약이다.

베르사유 조약 이후 독일은 전쟁 보상금을 충당하기 위해 중앙은행에서 발행하는 화폐의 양을 크게 늘리고, 국채를 발행해 외국에 헐값에 팔기 시작했다. 이로 인해 3개월 후 물가가 75억 배로 뛰는 초인플레이션 현상이 일어나게 되었다.

이후 마르크화의 가치는 엄청나게 하락해 점심 한 끼를 먹기 위해서는 어마어마한 양의 화폐를 싣고 다녀야 할 정도였다. 살기 힘들어

1923년 베를린의 한 은행

진 독일인들은 베르사유 조약에 대한 분노를 나타내기 시작했다. 이런 시국을 틈타 베르사유 조약 이행에 반대하고 독일인의 우월성을 주창하면서 독일 국민의 신임을 얻은 사람이 바로 나치당[13]의 아돌프 히틀러였다.

1933년 나치당은 의회에서 44.5%에 달하는 의석을 확보했으나 여전히 과반수에 미달하였다. 그래서 히틀러는 독일 국가인민당과 연립 정권을 세웠다. 그리고 곧바로 행정부에 모든 입법권을 넘기는 '수권법'을 통과시켰다. 수권법은 비상시 입법부가 행정부에 입법권을 위임하는 법률을 말하는데, 이로 인해 히틀러는 국가에 대한 전권을 부여받게 되었다.

수권법에 대한 정부 요인들의 서명

---

13) 1919년 드렉슬러(Anton Drexler)가 만든 극우 세력의 당

1934년 파울 폰 힌덴부르크 대통령이 사망하면서 아돌프 히틀러가 총통에 취임하자 완전한 독재 국가인 나치 독일이 탄생했다. 히틀러는 국민들의 신임을 얻기 위해 베르사유 조약이 무효이므로 더 이상 전쟁 보상금을 낼 필요가 없다고 선언했다. 이 선언은 전쟁 보상금 지불로 고통받던 독일 국민의 열렬한 지지를 받았다. 히틀러는 또한 유대인에 대한 박해 정책을 펼쳤는데, 이 때문에 독일에 살던 많은 유대인이 불안감에 떨어야 했다.

화학양 히틀러의 독재 시대가 시작되었군요.

정교수 맞아. 바로 이 시기에 위대하면서 동시에 위험한 발견이기도 한 원자핵 분열 연구가 시작되었지. 이 연구는 세 사람의 뛰어난 과학자 오토 한, 리제 마이트너, 프리츠 슈트라스만에 의해 이루어졌어. 차례로 세 인물을 알아볼 텐데 먼저 오토 한에 대해 이야기하겠네.

한(Otto Hahn, 1879~1968, 1944년 노벨 화학상 수상)

한은 1879년 3월 8일 독일 프랑크푸르트암마인에서 부유한 유리 제조업자의 막내아들로 태어났다. 그는 15살에 화학에 특별한 관심을 갖기 시작했고, 집 안의 세탁실에서 간단한 실험을 수행하기도 했다. 한의 아버지는 그가 건축을 공부하기를 바랐지만 그는 아버지에게 산업화학자가 되고 싶다는 포부를 밝혔다.

1897년 한은 마르부르크 대학에서 화학을 공부했다. 1901년 그는 〈이소유제놀의 브로민 유도체에 대하여〉라는 제목의 논문으로 마르부르크 대학에서 박사 학위를 받았다. 1904년에는 런던 대학교에 자리를 잡고 방사선화학 분야를 연구했다. 그리고 1905년 초, 라듐염을 연구하던 중 방사성 토륨(토륨-228)이라는 새로운 물질을 발견했다. 그는 1905년 5월 24일 왕립학회 회보에 그 결과를 발표했다.

1905년 9월부터 1906년 중반까지 한은 캐나다 몬트리올의 맥길 대학교에서 러더퍼드와 함께 일했다. 이때 그는 자신이 발견한 방사성 토륨의 알파 붕괴를 연구했다. 그 과정에서 토륨 A(폴로늄-216)와 토륨 B(납-212)의 침전물에도 수명이 짧은 '원소'가 포함되어 있음을 발견했으며, 이를 토륨 C(나중에 폴로늄-212로 확인됨)라고 명명했다. 한은 또한 방사성 악티늄(토륨-227)과 라듐 D(나중에 납-210으로 확인됨)를 확인했다. 그의 새로운 원소 발견에 대해 러더퍼드는 다음과 같이 말했다.

"한은 새로운 원소를 발견하는 특별한 코를 가지고 있습니다."

– 러더퍼드

1906년 한은 독일 베를린 대학교로 돌아와 박사 학위를 준비했다. 피셔(Emil Hermann Fischer, 1852~1919)[14] 교수가 베를린 대학교 화학 연구소 지하의 목공소를 실험실로 쓰도록 배려해준 덕분에 한은 방사선화학에 대한 연구를 할 수 있었다. 몇 달 만에 그는 메조토륨 I(라듐-228), 메조토륨 II(악티늄-228), 이오늄(나중에 토륨-230으로 확인됨)을 발견했다. 이것으로 이듬해 박사 학위를 받았다.

1911년 베를린 대학 내에 카이저 빌헬름 화학 연구소(현재의 막스 플랑크 화학 연구소)가 만들어졌고, 한은 이곳에서 연구를 지속할 수 있었다. 이듬해 오스트리아 출신의 여성 화학자 마이트너가 한의 실험실에 오게 되었으며, 이때부터 두 사람의 공동 연구가 본격적으로 시작되었다.

한편 1913년 화학자 파얀스와 괴링(Oswald Helmuth Göhring)은 원자번호 90인 토륨과 92인 우라늄 사이에 있는 91번 원소를 찾았다. 이것은 토륨의 동위원소가 베타 붕괴 하여 얻어졌다. 이렇게 발견된 원소는 짧은 반감기를 가지고 있었으므로 이들은 이 원소를 '수명이 짧다'는 뜻을 가진 라틴어 brevis에서 딴 브레븀(brevium)이라고 명명했다. 하지만 이들이 발견한 91번 원소는 가장 안정된 형태가 아니었다.

가장 안정된 형태의 91번 원소는 1917년에서 1918년 사이에 마이

---

14) 독일의 유기화학자. 당의 입체구조를 결정하였으며, 푸린·단백질 구조 등의 기초적 연구, 아미노산·효소 연구, 새로운 아미노산 발견 등 많은 업적으로 1902년 노벨 화학상을 수상하였다.

1912년 한과 마이트너

트너와 한이 발견했다. 두 사람은 이 원소를 '기원'이라는 의미의 그리스어 protos와 악티늄(actinium)을 더한 '악티늄의 기원'이라는 뜻의 프로토악티늄(protoactinium, Pa)으로 불렀다. 이것은 후에 프로트악티늄(protactinium)으로 이름이 바뀌었다.

마이트너와 한이 발견한 가장 안정된 프로트악티늄은 질량수가 231이고, 브레븀으로 명명되었던 원소는 프로트악티늄의 동위원소인 질량수 234짜리였다. 이런 이유 때문에 프로트악티늄의 발견자를 파얀스-괴링으로 얘기하기도 하고, 마이트너-한으로 보기도 한다. 프로트악티늄의 발견으로 안정된 우라늄인 우라늄-238이 알파 붕괴와 베타 붕괴를 거쳐 안정된 납으로 바뀌는 과정이 완벽하게 설명되었다.

다음 그림에서 Po는 폴로늄, Rn은 라돈, Pb는 납, Bi는 비스무트의 원소기호이고, α는 알파 붕괴, β는 베타 붕괴를 나타낸다.

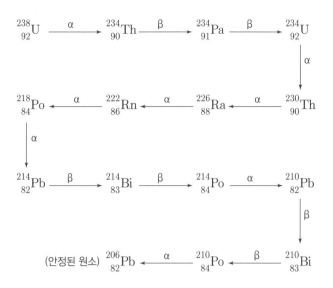

$$^{238}_{92}\text{U} \xrightarrow{\alpha} {}^{234}_{90}\text{Th} \xrightarrow{\beta} {}^{234}_{91}\text{Pa} \xrightarrow{\beta} {}^{234}_{92}\text{U}$$

$$^{218}_{84}\text{Po} \xleftarrow{\alpha} {}^{222}_{86}\text{Rn} \xleftarrow{\alpha} {}^{226}_{88}\text{Ra} \xleftarrow{\alpha} {}^{230}_{90}\text{Th}$$

$$^{214}_{82}\text{Pb} \xrightarrow{\beta} {}^{214}_{83}\text{Bi} \xrightarrow{\beta} {}^{214}_{84}\text{Po} \xrightarrow{\alpha} {}^{210}_{82}\text{Pb}$$

$$(\text{안정된 원소}) {}^{206}_{82}\text{Pb} \xleftarrow{\alpha} {}^{210}_{84}\text{Po} \xleftarrow{\beta} {}^{210}_{83}\text{Bi}$$

화학양 마이트너는 어떤 사람이죠?

정교수 그녀는 노벨상은 받지 못했지만 위대한 여성 과학자야.

마이트너(Lise Meitner, 1878~1968)

마이트너는 1878년 11월 7일에 오스트리아 빈에서 태어났다. 그녀의 아버지는 오스트리아에서 개업을 허가받은 최초의 유대인 변호사 중 한 명이었다. 성인이 된 그녀는 루터주의를 따라 기독교로 개종했고, 원래 이름이었던 엘리제(Elise)를 리제(Lise)로 바꾸었다.

그녀의 초기 연구는 여덟 살 때 베개 밑에 기록 노트를 보관하면서 시작되었다. 특히 수학과 과학에 끌렸던 그녀는 처음에는 기름 막, 얇은 필름 및 반사광의 색상을 연구했다.

1897년도까지 여성은 빈의 고등교육기관(중고등학교 및 대학교)에 다닐 수 없었다. 따라서 초등학교만 마친 마이트너는 프랑스어 교사 양성기관에 다녔다. 1898년이 되어 비로소 여성들도 고등교육기관에 진학할 수 있게 되었다. 1899년 마이트너는 다른 두 명의 젊은 여성과 개인 교습을 받아 누락된 8년의 중고등학교 과정을 2년 만에

1906년 마이트너

　　　　　　　세상에서 가장 쉬운 과학 수업 방사선과 원소

공부했다. 그리고 대학 입학 자격시험에 합격해 1901년 빈 대학교에 입학했다. 그녀는 빈 대학 교수인 볼츠만의 강의에 감명을 받았으며, 〈맥스웰 법칙에 대한 연구〉로 1905년 물리학 박사 학위를 받았다.

그 후 마이트너는 독일 베를린 대학에서 연구를 하게 되었고, 이때 한의 실험실에서 그의 연구를 도왔다. 그녀는 1926년 베를린 대학교 물리학과 및 카이저 빌헬름 연구소의 교수가 되었다. 그러나 1933년 나치 정권의 유대인 박해 정책을 피해 교수직을 잃었다. 1938년에는 덴마크 닐스 보어 연구소에 들어갔다가 이어서 스웨덴 스톡홀름 공업대학 교수가 되었다. 1949년 그녀는 스웨덴 국적을 취득했다.

화학양　이제 슈트라스만이 등장할 차례네요.

정교수　그래. 원자핵 분열 연구에서 세 번째로 중요한 사람은 독일의 화학자 슈트라스만이지.

슈트라스만(Fritz Strassmann, 1902~1980)은 독일 보파르트에서 태어났고, 아홉 남매 중 막내로 뒤셀도르프에서 어린 시절을 보냈다. 그는 어릴 때부터 화학에 관심이 많아 집에서 화학 실험을 즐기곤 했다. 1920년에는 하노버 공과대학에서 정규 화학 공부를 시작했으며, 다른 학생들의 개인 교사로 일하면서 생활비를 벌었다.

그는 1924년에 화학공학 학위, 1929년에 물리화학 박사 학위를 받았다. 그의 박사 연구는 기체 상태의 탄산에서 아이오딘의 용해도와 반응성에 관한 것이었다. 이 연구를 통해 그는 분석화학에 대한 경험을 얻었다.

화학양　세 사람이 어떻게 만나게 되나요?

정교수　1912년 카이저 빌헬름 화학 연구소에 마이트너가 오면서 마이트너와 한의 공동 연구가 먼저 시작되었어. 당시는 성차별이 심해서 여성인 마이트너는 자체 외부 입구가 있는 목공소를 개조한 실험실에서만 작업할 수 있었지. 하지만 위층에 있는 실험실을 포함하여 연구소의 나머지 공간에는 발을 들여놓을 수 없었어. 그녀가 화장실에 가고 싶으면 길 아래 식당을 이용해야 했네.

화학양　어떻게 그럴 수가 있죠?

정교수　이런 차별 대우를 싫어했던 피셔 교수는 최초로 실험실에 여자 화장실을 만들어 주었지.

화학양　당연한 거지만 피셔 교수는 멋진 행동을 했군요.

정교수　이 시기의 여성 과학자들은 악조건 속에서 연구할 수밖에 없었다네.

화학양　슈트라스만은 언제 공동 연구에 합류하지요?

정교수　그는 나치당을 굉장히 싫어했어. 그래서 나치당의 블랙리스트에 올랐지. 1933년 마이트너는 슈트라스만을 한에게 소개했고 이로써 세 사람이 공동 연구를 시작하게 되었네.

　그에 앞서 원자핵에 대한 재미있는 실험 결과들이 있었다. 1917년에 러더퍼드는 질소와 알파 입자를 충돌시키면 질소를 산소로 변환

한, 마이트너, 슈트라스만의 실험 장치(출처: J. Brew/Wikimedia Commons)

할 수 있다는 것을 알아냈다.

$$^{14}_{7}N + (알파 \ 입자) \rightarrow \ ^{17}_{8}O + (양성자 \ ^{1}_{1}p)$$

이것이 최초의 원자핵 변환이다.

그 이후 1932년 캐번디시 연구소의 콕크로프트(Sir John Cockcroft)와 월턴(Ernest Walton)은 리튬과 같이 가벼운 원소를 50만V 정도의 전압으로 가속된 양성자 $^{1}_{1}p$로 충돌시키면 리튬 원자핵을 파괴할 수 있을 것이라고 생각했다. 실험 결과는 예상 그대로였다. 리튬 원자핵이 두 개의 헬륨 원자핵으로 쪼개졌다. 이것을 식으로 써 보면 다음과 같다.

$$^{1}_{1}p + \ ^{7}_{3}Li \rightarrow \ ^{4}_{2}He + \ ^{4}_{2}He$$

이 연구는 '원자 분할'로 널리 알려졌다. 무거운 원소에서 발견된 핵분열 반응은 아니었지만 '인위적으로 가속된 원자 입자에 의한 원자핵의 변환'으로 1951년 두 사람은 노벨 물리학상을 수상했다.

다시 한, 마이트너, 슈트라스만의 이야기로 돌아가자. 그들은 가장 안정된 우라늄(질량수 238)의 동위원소인 우라늄-235[15]와 중성자를 충돌시키는 실험에 착수했다. 하지만 1938년 오스트리아가 독일과 연합하면서 마이트너는 오스트리아 시민권을 잃게 되었다. 그녀는 유대인 박해 정책을 피해 1938년 7월 스웨덴으로 도망쳤다. 이때부터 실험은 한과 슈트라스만이 하고 마이트너는 우편을 통해 실험 결과를 해석하는 일을 맡았다. 그해 12월 19일 마이트너는 한에게서 편지를 받았다.

"우라늄-235와 중성자의 충돌에서 나타난 생성물 중 일부는 바륨(Ba)인 듯합니다."

– 한의 편지

한은 우라늄 원자핵이 바륨 원자핵으로 변환되었다고 제안했지만, 마이트너는 그와 생각이 달랐다. 그것은 바륨의 원자량이 우라늄보다 40%나 적었기 때문이었다. 당시 마이트너는 조카인 화학자 프리슈(Otto Robert Frisch, 1904~1979)와 이 문제에 관해 공동 연구하고 있었다. 마이트너는 한의 실험 결과로부터 우라늄 원자핵이 바륨 원자

---

15) 1935년 뎀프스터(Arthur Jeffrey Dempster, 1886~1950)가 발견하였다.

핵과 크립톤(Kr) 원자핵으로 쪼개어진다는 것을 알아냈다. 프리슈는
세포가 두 개의 세포로 분열되는 과정과 유사하게 이 과정을 '핵분열'
이라고 명명했다. 이것을 반응식으로 쓰면 다음과 같다.

$$n + {}^{235}_{92}U \rightarrow {}^{144}_{56}Ba + {}^{89}_{36}Kr$$

이것이 바로 최초의 핵분열 반응이었다. 마이트너는 핵분열에서
208MeV의 에너지가 발생한다는 것을 알아냈다. 더욱이 이 과정에
서 생긴 바륨과 크립톤은 극도로 불안정하여 중성자를 내놓는데, 이
때 중성자가 두세 개 튀어나왔다. 이것은 놀라운 일이 아닐 수 없었다.
이렇게 튀어나온 두세 개의 중성자가 다시 우라늄과 충돌해 핵분열을
시키면 또다시 중성자 네 개가 튀어나오고, 이런 반응이 연쇄적으로
일어나면서 우리가 상상할 수 없는 엄청난 에너지가 나오는 것이다.

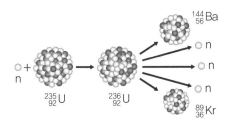

화학양 얼마나 큰 에너지가 나오는 거죠?

정교수 핵분열의 한 과정에서 발생하는 에너지는 약 200MeV였다
네. $1eV = 1.6 \times 10^{-19}J$이므로 이 에너지를 J로 바꾸면 200MeV는 약

3.2×10^{-11}J에 해당하지. 1g의 우라늄-235 속에 있는 우라늄 원자핵의 수는 2.6×10^{21}개이므로, 1g의 우라늄-235가 핵분열로 발생시키는 에너지는

$$3.2 \times 10^{-11} \times 2.6 \times 10^{21} \fallingdotseq 8.3 \times 10^{10}(J)$$

이 돼. 한편 탄소 1g이 완전연소 할 때 발생하는 에너지는

$$3.4 \times 10^4 J$$

이므로 우라늄-235의 핵분열 에너지는 탄소가 완전연소 할 때의 에너지의 약 240만 배라네. 따라서 우라늄-235 1g이 핵분열 할 때 나오는 에너지는 탄소 2.4톤을 태웠을 때의 에너지와 같아.

화학양　어마어마하군요.

정교수　핵분열의 발견은 엄청난 파장을 몰고 왔어. 그리고 1939년 9월 1일 독일의 폴란드 침공으로 제2차 세계대전이 시작되었지. 유럽에서는 히틀러와 이탈리아의 무솔리니가 동맹을 맺었고, 아시아에서는 일본이 태평양전쟁을 일으켰어.

독일과 이탈리아, 일본은 동맹을 맺었는데 이 세 나라를 전쟁을 일으킨 추축국이라고 한다네. 반대로 추축국을 견제하기 위해 뭉친 나라들을 연합국이라고 부르지. 주요 연합국은 영국, 프랑스, 미국, 소련 등이었어.

화학양　제2차 세계대전과 핵분열이 무슨 관계가 있죠?

정교수　핵분열에서 나오는 에너지를 무기로 만든 것이 바로 원자폭

탄(핵폭탄)이거든. 이 가공할 위력을 가진 무기를 독일이 먼저 만든다면 세계가 나치 독일의 휘하에 들어갈 수 있다는 위기감이 고조되었던 거지.

핵분열 실험이 끝난 후 한, 마이트너, 슈트라스만은 이 실험이 몰고 올 파장을 짐작했다. 연쇄 핵분열에서 나오는 에너지가 엄청나게 크기 때문이었다. 만일 우라늄−235 1kg을 연쇄 핵분열 시키면 석탄 2400톤을 태웠을 때와 같은 에너지가 나온다. 이는 기존의 무기와는 비교도 안 될 가공할 만한 파괴력을 가지게 되리라는 것을 세 사람은 알 수 있었다.

이러한 가능성을 느낀 세 과학자의 입장은 달랐다. 마이트너는 유대인이므로 이 무기가 히틀러에 의해 개발되는 것을 두려워했다. 슈트라스만 역시 반 나치주의자였기 때문에 그녀와 생각이 같았다.

마이트너는 코펜하겐에서 이러한 위험성을 닐스 보어에게 알렸다. 그리고 그녀와 보어는 1939년 미국 시카고 대학으로 가서 핵물리학의 권위자인 페르미(Enrico Fermi, 1938년 노벨 물리학상 수상)에게 이 사실을 전했다.

1941년 12월 중립을 지키던 미국도 연합군으로 제2차 세계대전에 참전했다. 당시 독일의 히틀러는 오토 한과 하이젠베르크 등을 주축으로 원자폭탄 개발팀을 꾸리고 있었다.

미국의 과학자들은 미국이 독일보다 먼저 원자폭탄을 개발하지 못하면 전쟁에서 승리할 수 없다는 생각을 가지게 되었다. 1939년 8월,

물리학자 레오 실라르드(Leo Szilard)와 유진 위그너(Eugene Paul Wigner, 1963년 노벨 물리학상 수상)가 훗날 아인슈타인−실라르드 편지로 알려진 문서의 초안을 작성하였다. 이 문서에는 '엄청난 파괴력을 지닌 새로운 유형의 폭탄'이 개발될 가능성이 언급되어 있었다. 이 편지는 알베르트 아인슈타인의 서명을 받아 당시 미국 대통령 프랭클린 루스벨트에게 전달되었다. 미국 정부는 이들의 제안을 받아들여 우라늄 광석을 비축하고 페르미와 다른 과학자들이 핵 연쇄 반응 연구에 박차를 가하도록 요청하였다.

1941년 10월 9일 루스벨트 대통령은 원자폭탄 개발을 추진하기로 결정했다. 1942년 5월 미국 뉴욕 맨해튼에 비밀리에 원자폭탄을 개발하는 팀이 꾸려졌다. 맨해튼 프로젝트라고 부르는 이 계획의 과학 부문 책임자는 물리학자 오펜하이머(Julius Robert Oppenheimer)로 결정되었다.

오펜하이머는 원자폭탄 개발을 위해 쟁쟁한 과학자들을 팀에 합류시켰다. 세계적인 수학자 폰 노이만(John von Neumann), 페르미, 실라르드, 로런스(Ernest Lawrence, 1939년 노벨 물리학상 수상), 베테(Hans Bethe, 1967년 노벨 물리학상 수상), 파인먼(Richard Feynman, 1965년 노벨 물리학상 수상)이 맨해튼 프로젝트에 참여한 대표적인 과학자들이었다.

로스앨러모스 연구소는 1945년 2월 우라늄−235의 연쇄 핵분열을 이용한 원자폭탄을 만드는 데 성공했다. 이 원자폭탄에는 리틀보이

(Little Boy)[16]라는 이름이 붙여졌다. 리틀보이에 장착된 농축 우라늄은 총 64kg이었다.

리틀보이

맨해튼 계획이 추진한 두 번째 원자폭탄은 플루토늄을 원료로 한 것이었다. 플루토늄은 자연 상태에서 매우 드물게 발견되기 때문에, 대부분은 핵분열 과정에서 인공적으로 생성되는 것을 농축했다. 안정된 우라늄-238이 중성자와 충돌하면 동위원소인 우라늄-239가 된다. 우라늄-239는 매우 불안정하기 때문에 베타 붕괴로 넵투늄-239로 바뀐다. 넵투늄-239에 다시 중성자를 충돌시키면 플루토늄-239가 되는데, 이것 역시 연쇄 핵분열을 일으켰다. 로스앨러모스 연구팀은 플루토늄-239로 팻맨(Fat Man)[17]이라 부르는 원자폭탄과 실험용 원자폭탄인 가제트(Gadget)를 만들었다.

---

16) 루스벨트의 별명

17) 처칠의 별명

팻맨

　유럽 대부분의 나라를 정복한 독일은 1941년 6월 22일부터 1945
년 5월 8일까지 소련과의 긴 전쟁을 치렀다. 이 전쟁은 결국 독일의
패배로 끝이 났다. 서쪽으로는 서유럽 연합군이, 동쪽으로는 소련군
이 독일 본토를 침공했고, 소련군이 베를린을 함락했다. 아돌프 히틀
러가 사망하고 독일이 무조건 항복하면서 1945년 5월 8일 유럽에는
다시 평화가 찾아왔다.

　한편 아시아와 태평양을 전부 지배하려던 일본은 1941년 12월에
진주만의 미국 함대를 치고, 동남아시아와 중앙 태평양에 대한 전면
적인 공세로 미국과 영국을 공격하기 시작했다. 그 결과 미국이 일본
에 선전 포고를 했다. 1942년 미드웨이 해전에서 일본이 패배하며
진격이 멈췄다. 1944년과 1945년에는 일본이 아시아 본토에서도 역
전당해 밀리기 시작하여, 연합군이 일본 해군을 무력화하고 서태평
양의 주요 섬을 탈환했다. 1945년 7월 11일 연합군의 지도자들은 포
츠담 회담에서 일본의 무조건 항복을 강조하며 '일본에 대한 대안은
신속하고 완전한 파괴'라고 발표했다. 하지만 일본은 포츠담 선언을

가제트

거부하고 전쟁을 계속했다.

1945년 7월 13일 '가제트'라는 이름의 실험용 원자폭탄이 30m 높이의 철탑에 설치되었다. 그리고 7월 16일 오전 5시 30분, 최초의 핵폭발이 일어났다. 20킬로톤의 TNT와 맞먹는 수준의 폭발이 일어나 직경 76m의 크레이터를 만들었고, 충격파는 반경 160km까지 퍼져 나갔다.

폭발 후 0.062초

일본이 포츠담 선언을 거부하자 미국은 일본의 두 도시에 원자폭탄 투하를 결정했다. 1945년 8월 6일 오전 8시 15분 리틀보이가 히로시마에 떨어졌다. 리틀보이의 길이는 약 3.3m이고 지름이 71cm, 무게가 4.7톤이며, 폭발력은 TNT로 약 1만 5천 톤이다. 당시 히로시마시의 인구는 약 34만 명이었는데, 폭탄이 투하된 위치에서 12km 범위에서는 사람들의 50%가 당일에 죽었고, 그해 12월 말까지 시민 14만 명이 사망했다.

원자폭탄 투하 후 히로시마

이러한 상태에서도 일본이 항복하지 않자 미국은 8월 9일 플루토늄-239를 이용한 원자폭탄 팻맨을 나가사키에 투하했다. 사망자는 약 73900명, 부상자는 약 74900명이 발생했다.

나가사키 상공의 버섯구름

원자폭탄의 무서운 위력에 놀란 일본은 결국 1945년 8월 15일 항복하였다. 일본의 항복문서는

일본의 항복문서 조인

1945년 9월 2일 미군 전함 USS 미주리호에서 서명되어 제2차 세계 대전은 끝이 났다.

화학양   원자핵 분열이 제2차 세계대전의 종식과 깊은 관련이 있었 군요.

정교수   맞아. 하지만 너무 많은 인명 피해를 낸 괴물 같은 무기의 탄 생이었지.

화학양   그렇네요.

원자력 발전_ 유용성과 위험성을 지닌 양날의 칼

정교수　드디어 마지막 주제인 원자력 발전 이야기야.

화학양　얘기는 많이 들어 봤는데 어떤 원리로 하는 건지 잘 모르겠어요.

정교수　발전은 전기를 만드는 걸 말해. 다른 종류의 에너지를 이용해 전기에너지를 만드는 것이 발전이지.

　수력 발전은 물의 위치에너지를 운동에너지로 바꾼 후 그것이 터빈을 돌리고 이로 인해 전기에너지를 만든다. 풍력 발전은 바람의 운동에너지, 조력 발전은 밀물과 썰물의 운동에너지, 화력 발전은 석탄이나 석유를 태웠을 때 발생하는 열에너지가 터빈을 돌린다. 원자력 발전은 연쇄 핵분열에서 발생하는 에너지로 터빈을 돌려서 전기에너지를 얻는 방식이다.

　핵분열은 순식간에 연쇄적으로 일어나면서 어마어마한 에너지를 만들어 낸다. 과학자들은 연쇄 핵분열에서 얻어지는 에너지를 이용하면 새로운 발전 방식이 될 것으로 생각했다. 이렇게 연쇄 핵분열을 이용한 발전을 원자력 발전이라 하고, 이러한 연쇄 핵분열이 이루어지는 장치를 원자로(原子爐, nuclear reactor)라고 부른다.

　원자로는 연쇄 핵분열이 천천히 일어나도록 조절하면서 필요한 만큼의 에너지를 안전하게 뽑아 쓸 수 있게 만든 장치를 말한다. 원자로의 '로(爐)'라는 한자는 '불을 피우는 가마'라는 뜻이다. 원자력 발전에서 원자로는 화력 발전의 보일러와 같은 역할을 한다. 연료를 넣어 난로에 불을 피우면 열이 발생하듯이, 원자로는 핵연료를 넣어 연쇄 핵분열을 일으키게 하는 장치이다. 핵연료로 쓰이는 것은 주로 농축 우라늄이다.

화학양   농축 우라늄이 뭔가요?

정교수   안정된 우라늄인 우라늄-238은 연쇄 핵분열을 일으키지 않아. 하지만 그것의 동위원소인 우라늄-235는 연쇄 핵분열을 일으키지. 농축 우라늄이란 안정된 우라늄에 우라늄-235를 섞은 것을 말해. 보통 3%에서 5%의 우라늄-235를 넣어서 만들지.

화학양   매우 적은 양을 섞는 것 같아요.

정교수   너무 많이 섞으면 폭발할 수 있거든. 이 정도만 넣어도 엄청난 양의 전기에너지를 얻을 수 있어.

화학양   원자폭탄은 100% 우라늄-235로 만드는 거죠?

정교수   맞아. 그래서 폭발력이 큰 거지.

최초의 원자로는 1942년 12월 2일 시카고 대학의 페르미가 처음 만들었다. 이것의 이름을 시카고 파일-1(CP-1)이라고 부른다. 페르미는 이 원자로를 '검은 벽돌과 목재로 이루어진 투박한 더미'라고 설명했다.

우라늄-235가 핵분열을 하면서 방출되는 중성자는 너무 빨라서 다른 우라늄-235 원자핵에 잘 흡수되지 않는다. 이로 인해 연쇄 핵분

시카고 파일-1

열이 잘 일어나지 않는 문제가 발생했다. 페르미는 이를 해결하기 위해 튀어나온 중성자의 속도를 줄이는 방법을 연구했다. 이렇게 중성자의 속도를 줄이는 역할을 하는 물질을 감속재라고 부른다.

화학양 감속재는 어떤 원리로 튀어나온 중성자를 느리게 움직이도록 하는 거죠?

정교수 물체는 충돌하고 나면 운동에너지가 작아져서 속도가 줄어들어. 그 원리를 이용한 거야. 핵분열에서 튀어나온 중성자가 감속재와 충돌하면서 속도가 줄어드는 거지.

세상에서 가장 쉬운 과학 수업 방사선과 원소

화학양 감속재로는 어떤 물질이 사용되나요?

정교수 경수나 중수, 흑연을 쓰지.

화학양 경수와 중수가 뭐예요?

정교수 둘 다 물이야. 경수는 가벼운 물이라는 뜻인데 우리가 흔히 말하는 물이지. 즉, 수소 원자 두 개와 산소 원자 한 개가 물 분자를 만드는데 이것을 경수 분자(가벼운 물 분자)라고 하네. 경수 분자로 이루어진 물이 바로 경수야.

앞에서 수소의 동위원소로 중수소가 있다고 했지? 중수소는 수소보다 2배 정도 무거워. 중수소 원자 두 개와 산소 원자 한 개가 결합한 것을 중수 분자(무거운 물 분자)라 하고, 중수 분자로 이루어진 물을 중수라고 부르지. 감속재로 경수를 사용한 원자로를 경수로, 중수를 사용한 원자로를 중수로라고 한다네.

화학양 CP-1은 어떤 감속재를 썼나요?

정교수 흑연을 사용했어.

화학양 핵연료는 어떤 모양으로 만들어요?

정교수 보통 봉 모양으로 만들기 때문에 핵연료봉이라고 불러. 핵연료봉은 핵연료에 지르코늄 피복을 씌워서 만들지. 지르코늄은 중성자를 잘 흡수하는 성질이 있거든.

이제 냉각재에 대해 알아볼게. 냉각재는 원자로에서 핵연료봉 사이를 통과해 흐르면서 연쇄 핵분열에 의해 발생하는 열에너지를 운반하는 물질이야. 냉각재는 정상 운전 중에는 열에너지 운반 및 원자로의 온도를 유지하는 역할을 하지만, 사고가 났을 때는 원자로를 냉각하는 임무를 수행하지.

화학양　냉각재로는 어떤 물질이 쓰이나요?

정교수　경수, 중수, 나트륨 등의 액체나 탄산가스 등의 기체가 사용되네.

화학양　경수나 중수는 감속재도 되고 냉각재도 되는군요.

정교수　그래. 핵연료봉 다발과 감속재, 냉각재를 합쳐서 원자로의 노심이라고 부르는데 원자로의 중심부이지.

화학양　원자로에서 연쇄 핵분열을 어떻게 멈추게 하죠?

정교수　그 역할을 하는 것이 제어봉이야. 제어봉은 중성자를 잘 흡수하는 은, 붕산, 하프늄 등을 스테인리스강으로 감싸 만들지. 제어봉을 원자로에 삽입하면 연쇄 핵분열 반응 때 나오는 2~3개의 중성자를 흡수하므로 연쇄 핵분열이 줄어들어. 반대로 제어봉을 빼내면 연쇄 핵분열이 증가하지. 제어봉은 이 방법으로 연쇄 핵분열 반응을 조절하는 거야.

붕산은 중성자를 흡수하는 성질이 큰 물질이기 때문에, 붕산의 농도를 조절하여 원자로의 출력을 서서히 제어할 수 있어. 만약 비상 상황이 발생하여 원자로의 연쇄 핵분열 반응을 신속히 정지해야 할 경우에는, 원자력 발전소 내부에 설치된 대형 붕산수 탱크에 들어 있는 붕산을 원자로에 직접 주입하지.

원자력 발전의 원리를 단계별로 살펴보면 다음과 같다.

① 핵연료의 연쇄 핵분열로 에너지가 발생한다.

② 원자로를 통과한 냉각재가 열에너지를 증기 발생기로 전달한다.

③ 열로 데워진 물에서 증기가 발생한다.

④ 발생한 증기가 터빈 발전기로 이동한다.

⑤ 증기로 터빈을 돌려 전기를 생산한다.

⑥ 발전기를 돌린 증기는 다시 물로 바뀌어 들어온다.

⑦ 원자로 내부의 냉각재가 높은 온도에서 증기로 바뀌지 않고 물
   상태를 유지하도록 압력을 높여 준다.

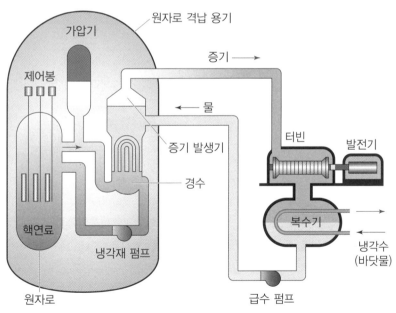

가압 경수형 원자로

화학양   원자로는 어떻게 발전되었나요?

정교수   CP-1은 최초의 원자로이지만 0.5W의 매우 낮은 전력으로 작동하기 때문에 상업용으로 사용하지 못했어. 이 원자로는 방사선 차폐 또는 냉각 시스템이 없었지.

보다 큰 규모의 원자로는 1943년 맨해튼 프로젝트의 일환으로 건설되었다. 이 원자로는 X-10이라고 부르는데 미국 테네시주에 있는 오크리지 국립 연구소에 만들어졌다.

X-10

유럽 최초의 원자로는 1946년 12월 25일 소련 모스크바의 쿠르차토프 연구소에 건설되었다. 이 원자로는 F-1이라고 불렸다.

세상에서 가장 쉬운 과학 수업 방사선과 원소

1951년 12월 20일 미국 아곤 국립 연구소에는 EBR-1이라는 이름의 원자로가 만들어졌다. 이 원자로에서는 100kW의 전기가 생산되었고, 이로써 최초로 전구를 켰다.

원자로에서 생성된 전기로 켠
최초의 전구

원자로를 갖춘 첫 번째 잠수함은 1954년 1월 미국 해군에 의해 개발되었다. 이 원자로는 S1W라고 부르는데 잠수함 USS 노틸러스에서 전력을 생산하는 역할을 했다. USS 노틸러스는 세계 최초의 핵 잠수함으로, 1958년 처음 북극점에 도달했다.

잠수함 USS 노틸러스

1954년 6월 27일, 소련의 오브닌스크 원자력 발전소는 약 5MW의 전력망용 전기를 생산하는 세계 최초의 원자력 발전소(줄여서 원전)가 되었다. 1956년 8월 27일에는 세계에서 처음으로 상업용 원자력 발전소가 영국 윈드스케일에 지어졌다. 이것의 이름은 콜더홀 원자력 발전소로 50MW의 전력을 생산했다.

콜더홀 원자력 발전소

1957년 미국의 아이젠하워 대통령이 UN에서 '평화를 위한 원자력'을 언급했다. 그 후 원자력을 군사 목적으로 쓰는 것을 막고, 평화적 이용을 위한 연구에 국제 협력을 도모하고자 UN 산하에 국제 원자력 기구(IAEA)가 만들어졌다.

세상에서 가장 쉬운 과학 수업 방사선과 원소

IAEA
국제 원자력 기구 상징

화학양 몇 년 전에 후쿠시마 원전에서 사고가 일어났잖아요?

정교수 엄청난 피해가 발생했지? 그런데 그게 최초의 원전 폭발 사고는 아니야.

원자로에서의 첫 번째 대형 사고는 아이다호 국립 연구소의 국립 원자로 테스트 스테이션에 있는 미 육군 실험용 원자로인 3MW급 SL-1에서 발생했다. 알 수 없는 이유로 1961년에 한 기술자가 규정된 4인치보다 약 22인치 더 멀리 제어봉을 제거했다. 이로 인해 증기가 폭발하여 3명이 사망했다. 1968년에는 소련 잠수함 K-27에 탑재된 두 개의 액체 금속 냉각 원자로 중 하나가 연료 요소 고장을 일으켜 연쇄 핵분열 생성물이 공기 중으로 방출되었다. 이 때문에 승무원 9명이 사망하고 83명이 부상당했다.

후쿠시마 원전 폭발 이전의 가장 큰 사고는 1986년 4월 26일 소련의 체르노빌(현재는 우크라이나) 원전에서 발생했다. 이날 체르노빌 발전소에서는 부소장 겸 수석 엔지니어 아나톨리 댜틀로프의 지휘하에 특별한 실험이 기획되어 있었다. 그 주제는 '원자로의 가동이 중단

될 경우, 터빈이 만들어 내는 전기가 얼마나 오랫동안 전력을 공급할 수 있는가?'라는 것이었다. 이런 실험을 실시한 이유는, 원전의 안전 장치 구조가 완비되었음을 입증하기 위해서였다.

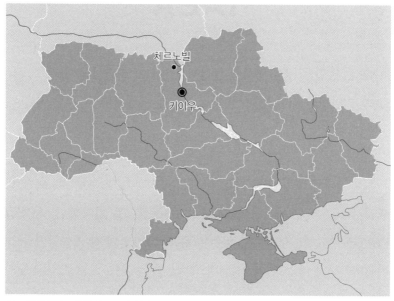
우크라이나 지도에서 체르노빌 위치

실험의 내용은 다음과 같다. 만약 어떤 이유로 원자로 냉각 장치의 전원 공급이 중단될 경우, 비상용 디젤 발전기를 돌려 냉각수를 순환시키게 된다. 그런데 대형 디젤 엔진 특성상 충분한 출력에 도달하는데 1분이나 걸렸다. 따라서 원자로가 정지했을 때 과연 냉각 펌프를 작동하는 데 필요한 전력을 제때 공급할 수 있는지 불확실했고, 그것을 분명히 하기 위해 이 실험이 기획됐다. 이미 몇 차례 실험이 시도

세상에서 가장 쉬운 과학 수업 방사선과 원소

되었지만 전부 실패했고, 댜틀로프에게 바통이 돌아갔다.

실험 조건은 3200MW 출력으로 운행 중이던 원자로의 발전 출력을 22% 수준인 700MW까지 낮추는 것이었다. 당시 제어 관리 담당자는 레오니트 톱투노프였다. 그러나 톱투노프의 조작 실수와 원자로에 제어봉이 삽입된 직후 알 수 없는 원인으로 출력이 30MW까지 낮아졌다. 출력이 갑자기 떨어지면서 원자로 내부의 균형이 깨지기 시작했다.

우라늄-235의 핵분열은 바륨과 크립톤 핵으로 분열되는 과정 외에 아이오딘과 이트륨으로 분열되기도 한다. 체르노빌 원전에서는 아이오딘과 이트륨으로 분열되는 연쇄 핵분열 과정이 진행되었다. 먼저 방사능을 가진 아이오딘-135가 붕괴하면서 제논-135가 된다. 그리고 제논-135는 중성자를 흡수해 제논-136이 되든지, 아니면 붕괴해서 세슘-135가 된다.

노심 중간 쪽에 축적된 제논-135들이 중성자를 모두 먹어 치우면서 핵반응을 일으킬 중성자가 모자라게 되었고, 그래서 출력도 잘 올라가지 않았다. 이때 원전의 선임 연구원 알렉산드르 아키모프는 실험을 중지하고 원자로를 정지할 것을 요청했으나, 댜틀로프는 출력을 높여 실험을 속행하라는 지시를 내렸다.

연구원들은 제어봉을 빼내서 출력을 올리기 시작했지만, 제논이 쌓인 노심 중간보다 노심 위쪽과 아래쪽으로 중성자가 쏠리면서 원자로가 불균형해졌다. 어떻게든 200MW 정도까지 출력을 끌어 올리자, 댜틀로프는 본디 목표였던 700MW보다는 낮은 출력이지만 여기서라도 안정시킨 후 실험을 진행하기로 했다. 그런데 갑자기 원자로에 있는 연료 채널 캡이 흔들리더니 연기가 피어오르면서 날뛰기 시작했다.

아키모프는 원자로의 모든 제어봉을 삽입하여 가동을 즉각 중지시켰다. 하지만 폭발을 막기에는 늦은 상태였다. 노심의 아래쪽에 쌓여 있던 중성자가 연쇄 핵분열을 유도하면서 출력이 200MW에서 530MW로 증가했다. 그 후 순식간에 원자로의 출력은 정상 출력의 10배를 초과한 약 33000MW가 되었다. 그리고 1986년 4월 26일 1시 23분 45초, 폭주하는 출력을 버텨 내지 못한 체르노빌 원전 4호기는 굉음과 불꽃을 내뿜으며 폭발했다.

사고 후 체르노빌 원전
(출처: IAEA Imagebank/Wikimedia Commons)

화학양 체르노빌 원전 사고는 인재였군요.

정교수 맞아. 이제 소개할 내용은 후쿠시마 원전 사고야.

동일본 대지진과 후쿠시마 제1원전 위치

2011년 3월 11일 일본 후쿠시마현 오쿠마의 후쿠시마 제1원전에서 지진과 쓰나미(지진 해일)로 인해 원전 사고가 발생했다. 도호쿠

지방에 일본 관측 사상 최대인 리히터 규모 9의 지진이 일어나, 15미터 높이의 쓰나미가 원전을 덮친 것으로부터 사고가 시작되었다.

동일본 대지진에 의한 쓰나미로 뒤집힌 주택의 잔해

지진을 감지한 원자로는 안전을 위해 자동으로 전력이 차단되었고, 발전소와 전력망을 잇는 송전 선로가 끊어졌다. 이에 외부 전력 없이 원자로를 냉각할 수 있게 비상 발전 체계가 작동했다. 하지만 몇 분 지나지 않아 15미터에 달하는 쓰나미가 원전 앞을 가로막고 있던 5미터 높이의 방파제를 넘어 원전을 덮쳤고, 1~4호기 원자로 지하가 침수되었다.

비상 발전기 자체는 고지대에 설치해 놓았기 때문에 침수로부터 안전했다. 하지만 발전기로부터 전기를 받아들이는 변전 설비가 건

세상에서 가장 쉬운 과학 수업 방사선과 원소

물 지하에 있어 침수되고 말았다. 그에 따라 냉각수를 공급하는 순환 펌프에 전력 공급이 중단되었다. 노심 냉각을 위해 필수적인 전기가 끊겼으므로 노심 온도는 계속 올라갔다.

3월 12일이 되자 남아 있던 냉각수가 모두 증발하면서 노심의 온도가 섭씨 1200도까지 올라갔다. 결국 원자로 3기에서 노심 용융(노심이 녹는 현상)이 일어났다. 핵연료봉의 지르코늄이 산화 반응을 일으키면서 수소와 수증기가 발생하여 격납 건물의 압력이 상승했다. 이에 따라 원전 건물 4개와 동시에 격납 건물도 손상되면서 태평양을 포함한 일대가 방사능으로 오염되었다.

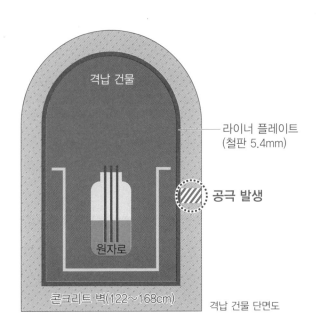

격납 건물

라이너 플레이트
(철판 5.4mm)

공극 발생

원자로

콘크리트 벽(122~168cm)

격납 건물 단면도

바닷물이라도 끌어와서 원자로를 식혔다면 문제가 해결되었을 테지만, 원전 측은 신속하게 결단을 내리지 못했다. 소금을 포함한 각종 불순물이 들어간 바닷물을 원자로에 집어넣는 순간 그 원자로는 폐기 처분이 확정된다. 원자로를 하나 짓는 데 들어가는 엄청난 비용이 아깝다는 게 그 이유였다. 이렇게 후쿠시마 원전 사고는 천재와 인재가 동시에 일어난 사건이다.

사고 후 후쿠시마 원전
(출처: Digital Globe/
Wikimedia Commons)

화학양　후쿠시마 원전 사고로 방사능 피폭의 피해가 생겼다고 들었어요. 그때 방출된 방사능 물질은 뭐였나요?

정교수　방사능 피폭은 방사선이 물질을 통과할 때 물질에 에너지를 부여하는 것을 말해. 그 물질이 인체인 경우, 다양한 문제를 일으킬 수 있네. 피폭은 외부에 있는 방사선원에 신체가 노출되거나 방사능 물질을 섭취 또는 흡입함으로써 생기지.

후쿠시마 원전 폭발로 문제가 되는 방사능 물질은 대표적으로 세슘-137, 스트론튬-90, 아이오딘-131 등이다. 세슘-137은 근육과 장에 축적되고, DNA 조직을 단절해 불임증, 근육종, 전신 마비, 백내장, 탈모 현상 등을 일으킬 수 있다. 스트론튬-90은 체내로 들어오면 뼈와 골수에 축적돼 암 발생 위험을 높이는 물질이다. 아이오딘-131은 갑상샘에 축적돼 갑상샘암을 유발한다.

원전 폭발 이후에 두릅나무순에서는 기준치를 초과하여 1kg당 210Bq(베크렐)의 세슘이 검출됐다. 또한 2021년 2월 후쿠시마 앞바다에서 잡은 조피볼락을 검사한 결과 1kg당 500Bq의 세슘이 검출됐

통행이 금지된 방사능 오염 지역

다. 이것은 일본 정부가 정한 식품의 허용 한도(1kg당 100Bq)의 5배에 달한다.

화학양　이렇게나 위험한데 왜 원자력 발전을 하는 거예요?

정교수　사람들은 점점 더 전기에너지를 필요로 하게 될 거야. 난방, 냉방, 전기 자동차, 전기 제품 등에서 말이지. 그러려면 많은 전력의 전기에너지를 생산해야 하는데, 수력이나 화력만으로는 전력을 충분히 만들어 낼 수 없어. 게다가 화력 발전에 사용하는 석탄과 석유는 점점 고갈되고 있지. 현재 과학자들은 바닷물을 저온 핵융합하여 발전

한국 핵융합 에너지 연구원에 위치한 핵융합 발전 실험 장치 KSTAR
(출처: Michel Maccagnan/Wikimedia Commons)

세상에서 가장 쉬운 과학 수업 방사선과 원소

하는 것을 연구하고 있지만, 아직 상업용으로 사용할 수준은 아니야. 그러다 보니 현재로서는 원자력 발전 외에 다른 대안이 없는 거지. 물론 미래의 안전하고 새로운 에너지를 찾기 위해 과학자들은 열심히 연구하고 있다네. 인체에 위험한 방사선이 나오는 원자력 발전을 대체할 안전한 발전 방식이 언젠가 나올 거라고 믿어.

화학양　빨리 그렇게 되었으면 좋겠어요.

만남에 덧붙여

On a New Kind of Rays

Wilhelm Conrad Röntgen (1845-1923)

December, 1895

read before the Würzburg Physical and Medical Society, 1895. [Translated by Arthur Stanton, Nature 53, 274 (1896).]

(1) A discharge from a large induction coil is passed through a Hittorf's vacuum tube, or through a well-exhausted Crookes' or Lenard's tube. The tube is surrounded by a fairly close-fitting shield of black paper; it is then possible to see, in a completely darkened room, that paper covered on one side with barium platinocyanide lights up with brilliant fluorescence when brought into the neighborhood of the tube, whether the painted side or the other be turned towards the tube. The fluorescence is still visible at two metres distance. It is easy to show that the origin of the fluorescence lies within the vacuum tube.

(2) It is seen, therefore, that some agent is capable of penetrating black cardboard which is quite opaque to ultra-violet light, sunlight, or arc-light. It is therefore of interest to investigate how far other bodies can be penetrated by the same agent. It is readily shown that all bodies possess this same transparency, but in very varying degrees. For example, paper is very transparent; the fluorescent screen will light up when placed behind a book of a thousand pages; printer's ink offers no marked resistance. Similarly the fluorescence shows behind two packs of cards; a single card does not visibly diminish the brilliancy of the light. So, again, a single thickness of tinfoil hardly casts a shadow on the screen; several have to be superposed to produce a marked effect. Thick blocks of wood are still transparent. Boards of pine two or three centimetres thick absorb only very little. A piece of sheet aluminium, 15 mm. thick, still

allowed the X-rays (as I will call the rays, for the sake of brevity) to pass, but greatly reduced the fluorescence. Glass plates of similar thickness behave similarly; lead glass is, however, much more opaque than glass free from lead. Ebonite several centimetres thick is transparent. If the hand be held before the fluorescent screen, the shadow shows the bones clearly with only faint outlines of the surrounding tissues.

Water and several other fluids are very transparent. Hydrogen is not markedly more permeable than air. Plates of copper, silver, lead, gold, and platinum also allow the rays to pass, but only when the metal is thin. Platinum .2 mm. thick allows some rays to pass; silver and copper are more transparent. Lead 1.5 mm thick is practically opaque. If a square rod of wood 20 mm. in the side be painted on one face with white lead, it casts little shadow when it is so turned that the painted face is parallel to the X-rays, but a strong shadow if the rays have to pass through the painted side. The salts of the metals, either solid or in solution, behave generally as the metals themselves.

(3) The preceding experiments lead to the conclusion that the density of the bodies is the property whose variation mainly affects their permeability. At least no other property seems so marked in this connection. But that density alone does not determine the transparency is shown by an experiment wherein plates of similar thickness of Iceland spar, glass, aluminium, and quartz were employed as screens. Then the Iceland spar showed itself much less transparent than the other bodies, though of approximately the same density. I have not remarked any strong fluorescence of Iceland spar compared with glass (see below, No. 4).

(4) Increasing thickness increases the hindrance offered to the rays by all bodies. A picture has been impressed on a photographic plate of a number of superposed layers of tinfoil, like steps, presenting thus a regularly increasing thickness. This is to be submitted to photometric processes when a suitable

instrument is available.

(5) Pieces of platinum, lead, zinc, and aluminium foil were so arranged as to produce the same weakening of the effect. The annexed table shows the relative thickness and density of the equivalent sheets of metal.

	Thickness.	Relative thickness.	Density.
Platinum	.018 mm.	1	21.5
Lead	.050 "	3	11.3
Zinc	.100 "	6	7.1
Aluminium	3.5000	200	2.6

From these values it is clear that in no case can we obtain the transparency of a body from the product of its density and thickness. The transparency increases much more rapidly than the product decreases.

(6) The fluorescence of barium platinocyanide is not the only noticeable action of the X-rays. It is to be observed that other bodies exhibit fluorescence, e.g. calcium sulphide, uranium glass, Iceland spar, rock-salt, &c.

Of special interest in this connection is the fact that photographic dry plates are sensitive to the X-rays. It is thus possible to exhibit the phenomena so as to exclude the danger of error. I have thus confirmed many observations originally made by eye observation with the fluorescent screen. Here the power of X-rays to pass through wood or cardboard becomes useful. The photographic plate can be exposed to the action without removal of the shutter of the dark slide or other protecting case, so that the experiment need not be conducted in darkness. Manifestly, unexposed plates must not be left in their box near the vacuum tube.

It seems now questionable whether the impression on the plate is a direct effect of the X-rays, or a secondary result induced by the fluorescence of the material

세상에서 가장 쉬운 과학 수업 방사선과 원소

of the plate. Films can receive the impression as well as ordinary dry plates.

I have not been able to show experimentally that the X-rays give rise to any caloric effects. These, however, may be assumed, for the phenomena of fluorescence show that the X-rays are capable of transformation. It is also certain that all the X-rays falling on a body do not leave it as such.

The retina of the eye is quite insensitive to these rays: the eye placed close to the apparatus sees nothing. It is clear from the experiments that this is not due to want of permeability on the part of the structures of the eye.

(7) After my experiments on the transparency of increasing thicknesses of different media, I proceeded to investigate whether the X-rays could be deflected by a prism. Investigations with water and carbon bisulphide in mica prisms of 30° showed no deviation either on the photographic or the fluorescent plate. For comparison, light rays were allowed to fall on the prism as the apparatus was set up for the experiment. They were deviated 10 mm. and 20 mm. respectively in the case of the two prisms.

With prisms of ebonite and aluminium, I have obtained images on the photographic plate, which point to a possible deviation. It is, however, uncertain, and at most would point to a refractive index 1.05. No deviation can be observed by means of the fluorescent screen. Investigations with the heavier metals have not as yet led to any result, because of their small transparency and the consequent enfeebling of the transmitted rays.

On account of the importance of the question it is desirable to try in other ways whether the X-rays are susceptible of refraction. Finely powdered bodies allow in thick layers but little of the incident light to pass through, in consequence of refraction and reflection. In the case of X-rays, however, such layers of powder are for equal masses of substance equally transparent with the coherent solid itself. Hence we cannot conclude any regular reflection or refraction of the X-rays. The research was conducted by the aid of finely-powdered rock-salt, fine electrolytic silver powder, and zinc dust already many times employed in chemical work. In all these cases the result, whether by the fluorescent screen or the photographic method, indicated no difference in transparency between the powder and the coherent solid.

It is, hence, obvious that lenses cannot be looked upon as capable of concentrating the X-rays; in effect, both an ebonite and a glass lens of large size prove to be without action. The shadow photograph of a round rod is darker in the middle than at the edge; the image of a cylinder filled with a body more transparent than its walls exhibits the middle brighter than the edge.

(8) The preceding experiments, and others which I pass over, point to the rays being incapable of regular reflection. It is, however, well to detail an observation which at first sight seemed to lead to an opposite conclusion.

I exposed a plate, protected by a black paper sheath, to the X-rays, so that the glass side lay next to the vacuum tube. The sensitive film was partly covered with star-shaped pieces of platinum, lead, zinc, and aluminium. On the developed negative the star-shaped impression showed dark under platinum, lead, and, more markedly, under zinc; the aluminium gave no image. It seems, therefore, that these three metals can reflect the X-rays; as, however, another explanation is possible, I repeated the experiment with this only difference, that a film of thin aluminium foil was interposed between the sensitive film and the metal stars. Such an aluminium plate is opaque to ultra-violet rays, but transparent to X-rays. In the result the images appeared as before, this pointing still to the existence of reflection at metal surfaces.

If one considers this observation in connection with others, namely, on the transparency of powders, and on the state of the surface not being effective

세상에서 가장 쉬운 과학 수업 방사선과 원소

in altering the passage of the X-rays through a body, it leads to the probable conclusion that regular reflection does not exist, but that bodies behave to the X-rays as turbid media to light.

Since I have obtained no evidence of refraction at the surface of different media, it seems probable that the X-rays move with the same velocity in all bodies, and in a medium which penetrates everything, and in which the molecules of bodies are embedded. The molecules obstruct the X-rays, the more effectively as the density of the body concerned is greater.

(9) It seemed possible that the geometrical arrangement of the molecules might affect the action of a body upon the X-rays, so that, for example, Iceland spar might exhibit different phenomena according to the relation of the surface of the plate to the axis of the crystal. Experiments with quartz and Iceland spar on this point lead to a negative result.

(10) It is known that Lenard, in his investigations on kathode rays, has shown that they belong to the ether, and can pass through all bodies. Concerning the X-rays the same may be said.

In his latest wok, Lenard has investigated the absorption coefficients of various bodies for the kathode rays, including air at atmospheric pressure, which gives 4.10, 3.40, 3.10 for 1 cm., according to the degree of exhaustion of the gas in discharge tube. To judge from the nature of the discharge, I have worked at about the same pressure, but occasionally at greater or smaller pressures. I find, using a Weber's photometer, that the intensity of the fluorescent light varies nearly as the inverse square of the distance between screen and discharge tube. This result is obtained from three very consistent sets of observations at distances of 100 and 200 mm. Hence air absorbs the X-rays much less than the kathode rays. This result is in complete agreement with the previously described result, that the fluorescence of the screen can still be observed at 2 metres from the vacuum tube. In general, other bodies behave like air; they are more transparent for the X-rays than for the kathode rays.

(11) A further distinction, and a noteworthy one, results from the action of a magnet. I have not succeeded in observing any deviation of the X-rays even in very strong magnetic fields.

The deviation of kathode rays by the magnet is one of their peculiar characteristics; it has been observed by Hertz and Lenard, that several kinds of kathode rays exist which differ by their power of exciting phosphorescence, their susceptibility of absorption, and their deviation by the magnet; but a notable deviation has been observed in all cases which have yet been investigated, and I think that such deviation affords a characteristic not to be set aside lightly.

(12) As the result of many researches, it appears that the place of most brilliant phosphorescence of the walls of the discharge-tube is the chief seat whence the X-rays originate and spread in all directions; that is, the X-rays proceed from the front where the kathode rays strike the glass. If one deviates the kathode rays within the tube by means of a magnet, it is seen that the X-rays proceed from a new point, i.e. again from the end of the kathode rays.

Also for this reason the X-rays, which are not deflected by a magnet, cannot be regarded as kathode rays which have passed through the glass, for that passage cannot, according to Lenard, be the cause of the different deflection of the rays. Hence I conclude that the X-rays are not identical with the kathode rays, but are produced from the kathode rays at the glass surface of the tube.

(13) The rays are generated not only in glass. I have obtained them in an apparatus closed by an aluminium plate 2 mm. thick. I purpose later to investigate the behaviour of other substances.

(14) The justification of the term "rays," applied to the phenomena, lies partly in the regular shadow pictures produced by the interposition of a more or less permeable body between the source and a photographic plate or fluorescent screen.

I have observed and photographed many such shadow pictures. Thus, I have an outline of part of a door covered with lead paint; the image was produced by placing the discharge-tube on one side of the door, and the sensitive plate on the other. I have also a shadow of the bones of the hand (Fig. 1), of a wire wound upon a bobbin, of a set of weights in a box, of a compass card and needle completely enclosed in a metal case (Fig. 2), of a piece of metal where the X-rays show the want of homogeneity, and of other things.

For the rectilinear propagation of the rays, I have a pin-hole photograph of the discharge apparatus covered with black paper. It is faint but unmistakable.

(15) I have sought for interference effects of the X-rays, but possibly, in consequence of their small intensity, without result.

(16) Researches to investigate whether electrostatic forces act on the X-rays are begun but not yet concluded.

(17) If one asks, what then are these X-rays; since they are not kathode rays, one might suppose, from their power of exciting fluorescence and chemical action, them to be due to ultra-violet light. In opposition to this view a weighty set of considerations presents itself. If X-rays be indeed ultra-violet light, then that light must posses the following properties.

(a) It is not refracted in passing from air into water, carbon bisulphide, aluminium, rock-salt, glass or zinc.
(b) It is incapable of regular reflection at the surfaces of the above bodies.
(c) It cannot be polarised by any ordinary polarising media.

(d) The absorption by various bodies must depend chiefly on their density. That is to say, these ultra-violet rays must behave quite differently from the visible, infra-red, and hitherto known ultra-violet rays.

These things appear so unlikely that I have sought for another hypothesis.

A kind of relationship between the new rays and light rays appears to exist; at least the formation of shadows, fluorescence, and the production of chemical action point in this direction. Now it has been known for a long time, that besides the transverse vibrations which account for the phenomena of light, it is possible that longitudinal vibrations should exist in the ether, and, according to the view of some physicists, must exist. It is granted that their existence has not yet been made clear, and their properties are not experimentally demonstrated. Should not the new rays be ascribed to longitudinal waves in the ether?

I must confess that I have in the course of this research made myself more and more familiar with this thought, and venture to put the opinion forward, while I am quite conscious that the hypothesis advanced still requires a more solid foundation.

논문 웹페이지

Cathode Rays

J.J. Thomson (1856-1940)

(Received October, 1897)

Philos. Mag. 44, 293 (1897)

The experiments[1] discussed in this paper were undertaken in the hope of gaining, some information; is to the nature of the Cathode Rays. The most diverse opinions are held as to these rays; according to the almost unanimous opinion of German physicists they are due to some process in the æther to which–inasmuch as in a uniform magnetic field their course is circular and not rectilinear-no phenomenon hitherto observed is analogous: another view of these rays is that, so far from being wholly authorial, they are in fact wholly material, and that they mark the paths of particles of matter charged with negative electricity. It would seem at first sight that it ought not to be difficult to discriminate between views so different, yet experience shows that this is not the case, as amongst the physicists who have most deeply studied the subject can be found supporters of either theory.

The electrified–particle theory has fur purposes of research a great advantage over the ætherial theory, since it is definite and its consequences can be predicted; with the ætherial theory it is impossible to predict what will happen under any given circumstances, as on this theory we are dealing with hitherto unobserved phenomena in the æther, of whose laws we are ignorant.

The following experiments were made to test some of the consequences of the electrified-particle theory.

---

[1] Some of these experiments have already been described in a paper real before the Cambrige Philosophical Society (Proceedings, vol. IX. 1897), and in a Friday Evening Discourse at the Royal Institution ('Electrician,' May 21, 1897).

Charge carried by the Cathode Rays.

If these rays are negatively electrified particles, then when they enter an enclosure they ought to carry into it a charge of negative electricity. This has been proved to he the ease by Perrin, who placed in front of a plane cathode two coaxial metallic cylinders which were insulated from each other: the outer of these cylinders was connected with the earth, the inner with a gold–leaf electroscope. These cylinders were closed except for two small holes, one in each cylinder, placed so that the cathode rays could pass through them into the inside of the inner cylinder. Perrin found that when the rays passed into the inner cylinder the electroscope received a charge of negative electricity, while no charge went to the electroscope when the rays were deflected by a magnet so as no longer to pass through the hole.

This experiment proves that something charged with negative electricity is shot off from the cathode, travelling at right angles to it, and that this something is deflected by a magnet; it is open, however, to the objection that it does not prove that the cause of the electrification in the electroscope has anything to do with the cathode rays. Now the supporters of the ætherial theory do not deny that electrified particles are shot off from the cathode; they deny, however, that these charged particles have any more to do with the cathode rays than a rifle–ball has with the flash when a rifle is fired. I have therefore repeated Perrin's experiment in a form which is not open to this objection. The arrangement used was as follows:— Two coaxial cylinders (fig. 1) with slits in them are placed in a bulb connected with the discharge–tube; the cathode rays from the cathode A pass into the bulb through a slit in a metal plug fitted into the neck of the tube; tins plug is connected with the anode and is put to earth. The cathode rays thus do not fall upon the cylinders unless they are deflected by a magnet. The outer cylinder is connected with the earth, the inner with the electrometer. When the cathode rays (whose path was traced by the phosphorescence on the glass) did not fall on the slit, the electrical charge sent to the electrometer when the induction–coil producing the rays was set in action was small and irregular; when, however, the rays were bent by a magnet so as to fall on the slit there was a large charge of negative electricity sent to the electrometer. I was surprised at the magnitude of the charge; on some occasions. enough negative electricity went through the narrow slit into the inner cylinder in one second to alter the potential of a capacity of 1.5 microfarads by 20 volts. If the lays were so much bent by the magnet that they overshot the slits in the cylinder, the charge passing into the cylinder fell again to a very small

세상에서 가장 쉬운 과학 수업 방사선과 원소

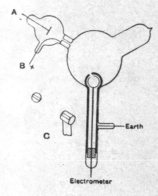

Figure 1:

fraction of its value when the aim was true. Thus this experiment shows that however we twist and deflect the cathode rays by magnetic forces, the negative electrification follows the same path as the rays, and that this negative electrification is indissolubly connected with the cathode rays.

When the rays are turned by the magnet so as to pass through the slit into the inner cylinder, the deflexion of the electrometer connected with this cylinder increases up to a certain value, and then remains stationary although the rays continue to pour into the cylinder. This is due to the fact that the gas in the bulb becomes a conductor of electricity when the cathode rays pass through it, and thus, though the inner cylinder is perfectly insulated when the rays are not passing, yet as soon as the rays pass through the bulb the air between the inner cylinder and the outer one becomes a conductor, and the electricity escapes from the inner cylinder to the earth. Thus the charge within the inner cylinder does not go on continually increasing; the cylinder settles down into a state of equilibrium in which the rate at which it gains , negative electricity from the rays is equal to the rate at which it loses it by conduction through the air. If the inner cylinder has initially a positive charge it rapidly loses that charge and acquires a negative one; while if the initial charge is a negative one, the cylinder will leak if the initial negative potential is numerically greater than the equilibrium value.

Deflexion of the Cathode Rays by an Electrostatic Field.

An objection very generally urged against the view that the cathode rays are negatively electrified particles, is that hitherto no deflexion of the rays has been observed under a small electrostatic force, and though the rays are deflected when they pass near electrodes connected with sources of large differences of potential, such as induction–coils or electrical machines, the deflexion in this case is regarded by the supporters of the ætherial theory as due to the discharge passing between the electrodes, and not primarily to the electrostatic field. Hertz made the rays travel between two parallel plates of metal placed inside the discharge–tube, but found that they were not deflected when the plates were connected with a battery of storage–cells; on repeating this experiment I at first got the same result, but subsequent experiments showed that the absence of deflexion is due to the conductivity conferred on the rarefied gas by the cathode rays. On measuring this conductivity it was found that it diminished very rapidly as the exhaustion increased; it seemed then that on trying Hertz's experiment at very high exhaustions there might be a chance of detecting the deflexion of the cathode rays by an electrostatic force.

The apparatus used is represented in fig.2.

The rays from the cathode C pass through a slit in the anode A, which is a metal plug fitting tightly into the tube and connected with the earth; after passing through a second slit in another earth–connected metal plug B, they travel between two parallel aluminium plates about 5 cm. long by 2 broad and at a distance of 1.5 cm. apart; they then fall on the end of the tube and produce a narrow well–defined phosphorescent patch. A scale pasted on the outside of the tube serves to measure the deflexion of this patch. At high exhaustions the rays were deflected when the two aluminium plates were connected with the terminals of a battery of small storage–cells; the rays were depressed when the upper plate was connected with the negative pole of the battery, the lower with the positive, and raised when the upper plate was connected with the positive, the lower with the negative pole. The deflexion was proportional to the difference of potential between the plates, and I could detect the deflexion when the potential–difference was as small as two volts. It was only when the vacuum was a good one that the deflexion took place, but that the absence of deflexion is due to the conductivity of the medium is shown by what takes place when the vacuum has just arrived at the stage at which the deflexion begins. At this stage there is a deflexion of the rays when the plates are first connected with the terminals of the battery,

세상에서 가장 쉬운 과학 수업 방사선과 원소

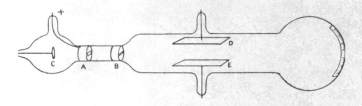

Figure 2:

but if this connexion is maintained the patch of phosphorescence gradually
creeps back to its undeflected position. This is just what would happen if the
space between the plates were a conductor, though a very bad one, for then
the positive and negative ions between the plates would slowly diffuse, until
the positive plate became coated with negative ions, the negative plate with
positive ones; thus the electric intensity between the plates would vanish
and the cathode rays be free from electrostatic force. Another illustration
of this is afforded by what happens when the pressure is low enough to show
the deflexion and a large difference of potential, say 200 volts, is established
between the plates; under these circumstances there is a large deflexion of
the cathode rays, but the medium under the large electromotive force breaks
down every now and then and a bright discharge passes between the plates;
when this occurs the phosphorescent patch produced by the cathode rays
jumps back to its undeflected position. When the cathode rays are deflected
by the electrostatic field, the phosphorescent band breaks up into several
bright bands separated by comparatively dark spaces; the phenomena are
exactly analogous to those observed by Birkeland when the cathode rays are
deflected by a magnet, and called by him the magnetic spectrum.

A series of measurements of the deflexion of the rays by the electrostatic
force under various circumstances will be found later on in the part of the
paper which deals with the velocity of the rays and the ratio of the mass
of the electrified particles to the charge carried by them. It may, however,
be mentioned here that the deflexion gets smaller as the pressure dimin-
ishes, and when in consequence the potential–difference in the tube in the
neighbourhood of the cathode increases.

Conductivity of a Gas through which Cathode Rays are passing.

The conductivity of the gas was investigated by means of the apparatus shown in fig. 2. The upper plate D was connected with one terminal of a battery of small storage–cells, the other terminal of which was connected with the earth; the other plate E was connected with one of the coatings of a condenser of one microfarad capacity, the other coating of which was to earth; one pair of quadrants of an electrometer was also connected with E, the other pair of quadrants being to earth. When the cathode rays are passing between the plates the two pairs of quadrants of the electrometer are first connected with each other, and then the connexion between them was broken. If the space between the plates were a non–conductor, the potential of the pair of quadrants not connected with the earth would remain zero and the needle of the electrometer would not move; if, however, the space between the plates were a conductor, then the potential of the lower plate would approach that of the upper, and the needle of the electrometer would be deflected. There is always a deflexion of the electrometer, showing that a current passes between the plates. The magnitude of the current depends very greatly upon the pressure of the gas; so much so, indeed, that it is difficult, to obtain consistent readings in consequence of the changes which always occur in the pressure when the discharge passes through the tube.

We shall first take the case when the pressure is only just low enough to allow the phosphorescent patch to appear at the end of the tube; in this case the relation between the current between the plates and the initial difference of potential is represented by the curve shown in fig. 3. In this figure the abscissæ; represent the initial difference of potential between the plates, each division representing two volts, and the ordinates the rise in potential of the lower plate in one minute each division again representing two volts. The quantity of electricity which has passed between the plates in one minute is the quantity required to raise 1 microfarad to the potential–difference shown by the curve. The upper and lower curve relates to the case when the upper plate is connected with the negative and positive pole. respectively of the battery.

Even when there is no initial difference of potential between the plates the lower plate acquires a negative charge from the impact on it of some of the cathode rays.

We see from the curve that the current between the plates soon reaches

세상에서 가장 쉬운 과학 수업 방사선과 원소

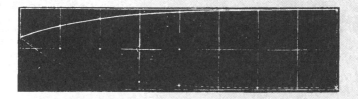

Figure 3:

a value where it is only slightly affected by an increase in the potential–difference between the plates; this is a feature common to conduction through gases traversed by Röntgen rays, by uranium rays, by ultra–violet light, and, as we now see, by cathode rays. The rate of leak is not greatly different whether the upper plate be initially positively or negatively electrified.

The current between the plates only lasts for a short time; it ceases long before the potential of the lower plate approaches that of the upper. Thus, for example, when the potential of the upper plate was about 400 volts above that of the earth, the potential of the lower plate never rose above 6 volts: similarly, if the upper plate were connected with the negative pole of the battery, the fall in potential of the lower plate was very small in comparison with the potential-difference between the upper plate and the earth.

These results are what we should expect if the gas between the plates and the plug B (fig. 2) were a very much better conductor than the gas between the plates, for the lower plate will be in a steady state when the current coming to it from the upper plate is equal to the current going from it to the plug: now if the conductivity of the gas between the plate and the plug is much greater than that between the plates, a small difference of potential between the lower plate and the plug will be consistent with a targe potential–difference between the plates.

So far we have been considering the case when the pressure is as high as is consistent with the cathode rays reaching the end of the tube; we shall now go to the other extreme and consider the case when the pressure is as low as is consistent with the passage of a discharge through the bulb. In this case, when the plates are not connected with the battery we got a negative charge communicated to the lower plate, but only very slowly in comparison with the effect in the previous case. When the upper plate is connected with the negative pole of a battery, this current to the lower plate is only slightly increased even when the difference of potential is as much as 400 volts: a small potential–difference of about 20 volts seems slightly to decrease the rate of leak. Potential–differences much exceeding 400 volts cannot; be used, as though the dielectric between the plates is able to sustain them for some little time, yet after a time an intensely bright arc flashes across between the plates and liberates so much gas as to spoil the vacuum. The lines in the spectrum of this glare are chiefly mercury lines; its passage leaves very peculiar markings on the aluminium plates.

If the upper plate was charged positively, then the negative charge communicated to the lower plate was diminished, and stopped when the potential–difference between the plates was about 20 volts; but at the lowest pressure, however great (up to 400 volts) the potential–difference, there was no leak of positive electricity to the lower plate at all comparable with the leak of negative electricity to this plate when the two plates were disconnected from the battery. In fact at this very low pressure all the facts are consistent with the view that the effects are due to the negatively electrified particles travelling along the cathode rays, the rest of the gas possessing little conductivity. Some experiments were made with a tube similar to that shown in fig. 2, with the exception that the second plug B was absent, so that a much greater number of cathode rays passed between the plates. When the upper plate was connected with the positive pole of the battery a luminous discharge with well–marked striations passed between the upper plate and the earth–connected plug through which the cathode rays were streaming; this occurred even though the potential–difference between the plate and the plug did not exceed 20 volts. Thus it seems that if we supply cathode rays from an external source to the cathode a small potential–difference is sufficient to produce the characteristic discharge through a gas.

Magnetic Deflexion of the Cathode Rays in Different Gases.

The deflexion of the cathode rays by the magnetic field was studied with the aid of the apparatus shown in fig. 4. The cathode was placed in a side–tube fastened on to a bell–jar; the opening between this tube and the bell–jar was closed by a metallic plug with a slit in it; this plug was connected with the earth and was used as the anode. The cathode rays passed through the slit in this plug into the bell–jar, passing in front of a vertical plate of glass ruled into small squares. The bell–jar was placed between two large parallel coils arranged as a Helmholtz galvanometer. The course of the rays was determined by taking photographs of the bell–jar when the cathode rays

세상에서 가장 쉬운 과학 수업 방사선과 원소

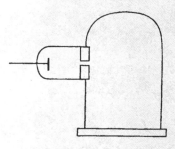

Figure 4:

were passing through it; the divisions on the plate enabled the path of the rays to be determined. Under the action of the magnetic field the narrow beam of cathode rays spreads out into a broad fan–shaped luminosity in the gas. The luminosity in this fan is not uniformly

distributed, but is condensed along certain lines. The phosphorescence on the glass is also not uniformly distributed; it is much spread out, showing that the beam consists of rays which are not all deflected to the same extent by the magnet. The luminosity on the glass is crossed by bands along which the luminosity is very much greater than in the adjacent parts. These bright and dark bands are called by Birkeland, who first observed them, the magnetic spectrum. The brightest spots on the glass are by no means always the terminations of the brightest streaks of luminosity in the gas; in fact, in some cases a very bright spot on the glass is not connected with the cathode by any appreciable luminosity, though there may be plenty of luminosity in other parts of the gas. One very interesting point brought out by the photographs is that in a given magnetic field, and with a given mean potential–difference between the terminals, the path of the rays is independent of the nature of the gas. Photographs were taken of the discharge in hydrogen, air, carbonic acid, methyl iodide, i.e., in gases whose densities range from 1 to 70, and yet, not only were the paths of the most deflected rays the same in all cases, but even the details, such as the distribution of the bright and dark spaces, were the same; in fact, the photographs could hardly be distinguished from each other. It is to be noted that the pressures were not the same; the pressures in the different gases were adjusted so that the mean potential–differences between the cathode and the anode were the same in all the gases. When the pressure of a gas is lowered, the potential–difference between the terminal increases, and deflexion of the rays produced by a magnet diminishes, or at any rate the deflexion of the rays when the phosphorescence is a maximum diminishes. If an air–break is inserted an effect of the same kind is produced.

In the experiments with different gases, the pressures were as high as was consistent with the appearance of the phosphorescence on the glass, so as to ensure having as much as possible of the gas under consideration in the tube.

As the cathode rays carry a charge of negative electricity, are deflected by an electrostatic force as if they were negatively electrified, and are acted on by a magnetic force in just the way in which this force would act on a negatively electrified body moving along the path of these rays, I can see no escape from the conclusion that they are charges of negative electricity carried by particles of matter. The question next arise, What are these particles? are they atoms, or molecules, or matter in a still finer state of subdivision? To throw some light on this point, I have made a series of measurements of the ratio of the mass of these particles to the charge carried by it. To determine this quantity, I have used two independent methods. The first of these is as follows : — Suppose we consider a bundle of homogeneous cathode rays. Let m be the mass of each of the particles, e the charge carried by it. Let N be the number of particles passing across any section of the beam in a given time; then Q the quantity of electricity carried by these particles is given by the equation

$$Ne = Q.$$

We can measure Q if we receive the cathode rays in the inside of a vessel connected with an electrometer. When these rays strike against a solid body, the temperature of the body is raised; the kinetic energy of the moving particles being converted into heat; if we suppose that all this energy is converted into heat, then if we measure the increase in the temperature of a body of known thermal capacity caused by the impact of these rays, we can determine W, the kinetic energy of the particles, and if v is the velocity of the particles,

$$\frac{1}{2} Nmv^2 = W.$$

If ρ the radius of curvature of the path of these rays in a uniform magnetic field H, then

$$\frac{mv}{e} = H\rho = I,$$

where I is written for $H\rho$ for the sake of brevity. From these equations we get.

$$\frac{1}{2} \frac{m}{e} v^2 = \frac{W}{Q}.$$

　　　　　　　　세상에서 가장 쉬운 과학 수업 방사선과 원소

$$v = \frac{2W}{QI},$$

$$\frac{m}{e} = \frac{I^2 Q}{2W}.$$

Thus, if we know the values of Q, W, and I, we can deduce the values of v and m/e.

To measure these quantities, I have used tubes of three different types. The first I tried is like that represented in fig. 2, except that the plates E and D are absent, and two coaxial cylinders are fastened to the end of the tube. The rays from the cathode C fall on the metal plug B, which is connected with the earth, and serves for the anode; a horizontal slit is cut in this plug. The cathode rays pass through this slit, and then strike against the two coaxial cylinders at the end of the tube; slits are cut in these cylinders, so that the cathode rays pass into the inside of the inner cylinder. The outer cylinder is connected with the earth, the inner cylinder, which is insulated from the outer one, is connected with an electrometer, the deflexion of which measures Q, the quantity of electricity brought into the inner cylinder by the rays. A thermo–electric couple is placed behind the slit in the inner cylinder; this couple is made of very thin strips of iron and copper fastened to very fine iron and copper wires. These wires passed through the cylinders, being insulated from them, and through the glass to the outside of the tube, where they were connected with a low-resistance galvanometer, the deflexion of which gave data for calculating the rise of temperature of the junction produced by the impact against it of the cathode rays. The strips of iron and copper were large enough to ensure that every cathode ray which entered the inner cylinder struck against the junction. In some of the tubes the strips of iron and copper were placed end to end, so that some of the rays struck against the iron, and others against the copper; in others, the strip of one metal was placed in front of the other; no difference, however, could be detected between the results got with these two arrangements. The strips of iron and copper were weighed, and the thermal capacity of the junction calculated. In one set of junctions this capacity was 5×10^{-3}, in another 3×10^{-3}. If we assume that the cathode rays which strike against the junction give their energy up to it, the deflexion of the galvanometer gives us W or $^1/_2 Nmv^2$.

The value of I, i. e., $H\rho$, where ρ is the curvature of this path of the rays in a magnetic field of strength H was found as follows:— The tube was fixed between two large circular coils placed parallel to each other, and separated by a distance equal to the radius of either; these coils produce a

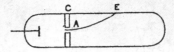

Figure 5:

uniform magnetic field, the strength of which is got by measuring with an ammeter the strength of the current passing through them. The cathode rays are thus in a uniform field, so that their path is circular. Suppose that the rays, when deflected by a magnet, strike against the glass of the tube at E
(fig. 5), then, if ρ is the radius of the circular path of the rays,

$$2\rho = \frac{CE^2}{AC} + AC;$$

thus, if we measure CE and AC we have the means of determining the radius of curvature of the path of the rays.

The determination of ρ is rendered to some extent uncertain, in consequence of the pencil of rays spreading out under the action of the magnetic field, so that the phosphorescent patch at E is several millimetres long; thus values of ρ differing appreciably from each other will be got by taking E at different points of this phosphorescent patch. Part of this patch was, however, generally considerably brighter than the rest; when this was the case, E was taken as the brightest point; when such a point of maximum brightness did not exist, the middle of the patch was taken for E. The uncertainty in the value of ρ thus introduced amounted sometimes to about 20 per cent.; by this I mean that if we took E first at one extremity of the patch and then at the other, we should get values of ρ differing by this amount.

The measurement of Q, the quantity of electricity which enters the inner cylinder, is complicated by the cathode rays making the gas through which they pass a conductor, so that though the insulation of the inner cylinder was perfect when tho rays were off, it was not so when they were passing through the space between the cylinders; this caused some of the charge communicated to the inner cylinder to leak away so that the actual charge given to the cylinder by the cathode rays was larger than that indicated by the electrometer. To make the error from this cause as small as possible, the inner cylinder was connected to the largest capacity available, 1.5 microfarad, and the rays were only kept on for a short time, about 1 or 2 seconds, so that the alteration in potential of the inner cylinder was not large, ranging

세상에서 가장 쉬운 과학 수업 방사선과 원소

in the various experiments from about 0.5 to 5 volts. Another reason why it is necessary to limit the duration of the rays to as short a time as possible, is to avoid the correction for the loss of heat from the thermo–electric junction by conduction along the wires; the rise in temperature of the junction was of the order 2° C; a series of experiments showed that with the same tube and the same gaseous pressure Q and W were proportional to each other when the rays were not kept on too long.

Tubes of this kind gave satisfactory results, the chief drawback being that sometimes in consequence of the charging up of the glass of the tube, a secondary discharge started from the cylinder to the walls of the tube, and the cylinders were surrounded by glow; when this glow appeared, the readings were very irregular; the glow could, however, be got rid of by pumping and letting the tube rest for some time. The results got with this tube are given in the Table under the heading Tube 1.

The second type of tube was like that used for photographing the path of the rays (fig. 4); double cylinders with a thermoelectric junction like those used in the previous tube were placed in the line of fire of the rays, the inside of the bell–jar was lined with copper gauze connected with the earth. This tube gave very satisfactory results; we were never troubled with any glow round the cylinders, and the readings were most concordant; the only drawback was that as some of the connexions had to be made with sealing–wax, it was not possible to get the highest exhaustions with this tube, so that the range of pressure for this tube is less than that for tube 1. The results got with this tube are given in the Table under the heading Tube 2.

The third type of tube was similar to the first, except that the openings in the two cylinders were made very much smaller; in this tube the slits in the cylinders were replaced by small holes, about 1.5 millim. diameter. In consequence of the smallness of the openings, the magnitude of the effects was very much reduced; in order to get measurable results it was necessary to reduce the capacity of the condenser in connexion with the inner cylinder to 0.15 microfarad, and to make the galvanometer exceedingly sensitive, as the rise in temperature of the thermo–electric junction was in these experiments only about 0.5° C on the average. The results obtained in this tube are given in the Table under the heading Tube 3.

The results of a series of measurements with these tubes are given in the following Table:—

Gas	Value of W/Q	I	m/e	v
Tube 1.				
Air	4.6×10^{11}	230	0.57×10^{-7}	4×10^9
Air	1.8×10^{12}	350	0.34×10^{-7}	1×10^{10}
Air	6.1×10^{11}	230	0.43×10^{-7}	5.4×10^9
Air	2.5×10^{12}	400	0.32×10^{-7}	1.2×10^{10}
Air	5.5×10^{11}	230	0.48×10^{-7}	4.8×10^9
Air	1×10^{12}	285	0.4×10^{-7}	7×10^9
Air	1×10^{12}	285	0.4×10^{-7}	7×10^9
Hydrogen	6×10^{12}	205	0.35×10^{-7}	6×10^9
Hydrogen	2.1×10^{12}	460	0.5×10^{-7}	9.2×10^9
Carbonic acid	8.4×10^{11}	260	0.4×10^{-7}	7.5×10^9
Carbonic acid	1.47×10^{12}	340	0.4×10^{-7}	8.5×10^9
Carbonic acid	3.0×10^{12}	480	0.39×10^{-7}	1.3×10^{10}
Tube 2.				
Air	2.8×10^{11}	175	0.53×10^{-7}	3.3×10^9
Air	2.8×10^{11}	175	0.53×10^{-7}	4.1×10^9
Air	3.5×10^{11}	181	0.47×10^{-7}	3.8×10^9
Hydrogen	2.8×10^{11}	175	0.53×10^{-7}	3.3×10^9
Air	2.5×10^{11}	160	0.51×10^{-7}	3.1×10^9
Carbonic acid	2×10^{11}	148	0.54×10^{-7}	2.5×10^9
Air	1.8×10^{11}	151	0.63×10^{-7}	2.3×10^9
Hydrogen	2.8×10^{11}	175	0.53×10^{-7}	3.3×10^9
Hydrogen	4.4×10^{11}	201	0.46×10^{-7}	4.4×10^9
Air	2.5×10^{11}	176	0.61×10^{-7}	2.8×10^9
Air	4.2×10^{11}	200	0.48×10^{-7}	4.1×10^9
Tube 3.				
Air	2.5×10^{11}	220	0.9×10^{-7}	2.4×10^9
Air	3.5×10^{11}	225	0.7×10^{-7}	3.2×10^9
Hydrogen	3×10^{11}	250	1.0×10^{-7}	2.5×10^9

It will be noticed that the value of m/e is considerably greater for Tube 3, where the opening is a small hole, than for Tubes 1 and 2, where the opening is a slit of much greater area. I am of opinion that the values of w/e got from Tubes 1 and 2 are too small, in consequence of the leakage from the inner cylinder to the outer by the gas being rendered a conductor by the passage of the cathode rays.

It will be seen from these tables that the value of m/e is independent of the nature of the gas. Thus, fur the first tube the mean for air is 0.40×10^{-7}, for hydrogen 0.42×10^{-7}, and for carbonic acid gas 0.4×10^{-7}; for the second tube the mean for air is 0.52×10^{-7}, for hydrogen 0.50×10^{-7}, and for carbonic acid gas 0.54×10^{-7}.

Experiments were tried with electrodes made of iron instead of aluminium; this altered the appearance of the discharge and the value of v at the some pressure, the values of m/e were, however, the same in the two tubes; the effect produced by different metals on the appearance of the discharge will be described later on.

In all the preceding experiments, the cathode rays were first deflected from the cylinder by a magnet, and it was then found that there was no deflexion either of the electrometer or the galvanometer, so that the deflexions observed were entirely due to the cathode rays; when the glow mentioned previously surrounded the cylinders there was a deflexion of the electrometer even when the cathode rays were deflected from the cylinder.

Before proceeding to discuss the results of these measurements I shall describe another method of measuring the quantities m/e and v of an entirely different kind from the preceding; this method is based upon the deflexion of the cathode rays in an electrostatic field. If we measure the deflexion experienced by the rays when traversing a given length under a uniform electric intensity, and the deflexion of the rays when they traverse a given distance under a uniform magnetic field, we can find the values of m/e and v in the following way;–

Let the space passed over by the rays under a uniform electric intensity F be l, the time taken for the rays to traverse this space is l/v, the velocity in the direction of F is therefore

$$\frac{Fe}{m} = \frac{l}{v},$$

so that θ, the angle through which the rays are deflected when they leave the electric field and enter a region free from electric force, is given by the equation

$$\theta = \frac{Fe}{m} \frac{l}{v^2}.$$

If, instead of the electric intensity, the rays are acted on by a magnetic force H at right angles to the rays, and extending across the distance l, the velocity at right angles to the original path of the rays is

$$\frac{Hev}{m} = \frac{l}{v},$$

so that ϕ, the angle through which the rays are deflected when they leave the magnetic field, is given by the equation

$$\phi = \frac{He}{m} \frac{l}{v}.$$

From these equations we get

$$v = \frac{\phi}{\theta} \frac{F}{H}$$

and

$$\frac{m}{e} = \frac{H^2 \theta l}{F \phi^2}.$$

In the actual experiments H was adjusted so that $\phi = \theta$; in this case the equations become

$$v = \frac{F}{H},$$

$$\frac{m}{e} = \frac{H^2 l}{F \theta}.$$

The apparatus used to measure v and m/e by this means is that represented in fig. 2. The electric field was produced by connecting the two aluminium plates to the terminals of a battery of storage–cells. The phosphorescent patch at the end of the tube was deflected, and the deflexion measured by a scale pasted to the end of the tube. As it was necessary to darken the room to see the phosphorescent patch, a needle coated with luminous paint was placed so that by a screw it could be moved up and down the scale; this needle could be seen when the room was darkened, and it was moved until it coincided with the phosphorescent patch. Thus, when light was admitted, the deflexion of the phosphorescent patch could be measured.

The magnetic field was produced by placing outside the tube two coils whose diameter was equal to the length of the plates; the coils were placed so that they covered the space occupied by the plates, the distance between the coils was equal to the radius of either. The mean value of the magnetic force over the length l was determined in the following way: a narrow coil

세상에서 가장 쉬운 과학 수업 방사선과 원소

C whose length was l, connected with a ballistic galvanometer, was placed between the coils; the plane of the windings of C was parallel to the planes of the coils; the cross section of the coil was a rectangle 5 cm. by 1 cm. A given current, was sent through the outer coils and the kick a of the galvanometer observed when this current was reversed. The coil C was then placed at the centre of two very large coils, so as to be in a field of uniform magnetic force: the current through the large coils was reversed and the kick β of the galvanometer again observed; by comparing a and β we can get the mean value of the magnetic force over a length l this was found to be

$$60 \times l,$$

where l is the current flowing through the coils.

A series of experiments was made to see if the electrostatic deflexion was proportional to tho electric intensity between the plates; this was found to be the case. In the following experiments the current through the coils was adjusted so that the electrostatic deflexion was the same as the magnetic:—

Gas	θ	H	F	l	m/e	v
Air	8/110	5.5	1.5×10^{10}	5	1.3×10^{-7}	2.8×10^9
Air	9.5/110	5.4	1.5×10^{10}	5	1.1×10^{-7}	2.8×10^9
Air	13/110	6.6	1.5×10^{10}	5	1.2×10^{-7}	2.3×10^9
Hydrogen	9/110	6.3	1.5×10^{10}	5	1.5×10^{-7}	2.5×10^9
Carbonic acid	11/110	6.9	1.5×10^{10}	5	1.5×10^{-7}	2.2×10^9
Air	6/110	5	1.8×10^{10}	5	1.3×10^{-7}	3.6×10^9
Air	7/110	3.6	1×10^{10}	5	1.1×10^{-7}	2.8×10^9

The cathode in the first five experiments was aluminium, in the last two experiments it was made of platinum; in the last experiment Sir William Crookes's method of getting rid of the mercury vapour by inserting tubes of pounded sulphur, sulphur iodide, and copper filings between the bulb and the pump was adopted. In the calculation of m/e and v no allowance has been made for the magnetic force due to the coil in the region outside the plates; in this region the magnetic force will be in the opposite direction to that between the plates, and will tend to bend the cathode rays in the opposite direction: thus the effective value of H will be smaller than the value used in the equations, so that the values of m/e are larger, and those of v less than they would be if this correction were applied. This method of determining the values of m/e and v is much less laborious and probably more accurate than the former method; it cannot, however, be used over so wide a range of pressures.

From these determinations we see that the value of m/e is independent of the nature of the gas, and that its value 10^{-7} is very small compared with the value 10^{-4}, which is the smallest value of this quantity previously known, and which is the value for the hydrogen ion in electrolysis.

Thus for the carriers of the electricity in the cathode rays m/e is very small compared with its value in electrolysis. The smallness of m/e may be due to the smallness of m or the largeness of e, or to a combination of these two. That the carriers of the charges in the cathode rays are small compared with ordinary molecules is shown, I think, by Lenard's results as to the rate at which the brightness of the phosphorescence produced by these rays diminishes with the length of path travelled by the ray. If we regard this phosphorescence as due to the impact of the charged particles, the distance through which the rays must travel before the phosphorescence fades to a given fraction (say l/e, where $e = 2.71$) of its original intensity, will be some moderate multiple of the mean free path. Now Lenard found that this distance depends solely upon the density of the medium, and not upon its chemical nature or physical state. In air at atmospheric pressure the distance was about half a centimetre, and this most be comparable with the mean free path of the carriers through air at atmospheric pressure. But the mean free path of the molecules of air is a quantity of quite a different order. The carrier, then, must be small compared with ordinary molecules.

The two fundamental points about these carriers seem to me to be (1) that these carriers are the same whatever the gas through which the discharge passes, (2) that the mean free paths depend upon nothing but the density of the medium traversed by these rays.

It might be supposed that the independence of the mass of the carriers of the gas through which the discharge passes was due to the mass concerned being the quasi mass which a charged body possesses in virtue of the electric field set up in its neighbourhood; moving the body involves tho production of a varying electric field, and, therefore, of a certain amount of energy which is proportional to the square of the velocity. This causes the charged body to behave as if its mass were increased by a quantity, which for a charged sphere is $^1/_5 \, e^2/\mu a$ ('Recent Researches in Electricity and Magnetism'), where e is the charge and a the radius of the sphere. If we assume that it is this mass

　　　　　　세상에서 가장 쉬운 과학 수업 방사선과 원소

which we are concerned with in the cathode rays, since m/e would vary as e/a, it affords no clue to the experiment of either of the properties (1 and 2) of these rays. This is not by any means the only objection to this hypothesis, which I only mention to show that it has not been overlooked.

The experiment which seems to me to account in the most simple and straightforward manner for the facts is founded on a view of the constitution of the chemical elements which has been favourably entertained by many chemists: this view is that the atoms of the different chemical elements are different aggregations of atoms of the same kind. In the form in which this hypothesis was enunciated by Prout, the atoms of the different elements were hydrogen atoms; in this precise form the hypothesis is not tenable, but if we substitute for hydrogen some unknown primordial substance X, there is nothing known which is inconsistent with this hypothesis, which is one that has been recently supported by Sir Norman Lockyer for reasons derived from the study of the stellar spectra.

If, in the very intense electric field in the neighbourhood of the cathode, the molecules of the gas are dissociated and are split up, not into the ordinary chemical atoms, but into these primordial atoms, which we shall for brevity call corpuscles; and if these corpuscles are charged with electricity and projected from the cathode by the electric field, they would behave exactly like the cathode rays. They would evidently give a. value of m/e which is independent of the nature of the gas and its pressure, for the carriers are the same whatever the gas may be; again, the mean free paths of these corpuscles would depend solely upon the density of the medium through which they pass. For the molecules of tho medium are composed of a number of such corpuscles separated by considerable spaces; now the collision between a single corpuscle and the molecule will not be between the corpuscles and the molecule as a whole, but between this corpuscle and the individual corpuscles which form the molecule; thus the number of collisions the particle makes as it moves through a crowd of these molecules will be proportional, not to the number of the molecules in the crowd, but to the number of the individual corpuscles. The mean free path is inversely proportional to the number of collisions in unit time, and so is inversely proportional to the number of corpuscles in unit volume; now as these corpuscles are all of the same mass, the number of corpuscles in unit volume will be proportional to the mass of unit volume, that is the mean free path will be inversely proportional to the density of the gas. We see, too, that so long as the distance between neighbouring corpuscles is large compared with the linear dimensions of a corpuscle the mean free path will be independent of the way they are arranged, provided the number in unit volume remains constant, that is the mean free path will depend only on the density of the medium traversed by the corpuscles, and will be independent of its chemical nature and physical state: this from Lenard's very remarkable measurements of the absorption of the cathode rays by various media, must be a property possessed by the carriers of the charges in the cathode rays.

Thus on this view we have in the cathode rays matter in a new state, a state in which the subdivision of matter is carried very much further than in the ordinary gaseous state: a state in which all matter – that is, matter derived from different sources such as hydrogen, oxygen, &c. – is of one and the same kind; this matter being the substance from which all the chemical elements are built up.

With appliances of ordinary magnitude, the quantity of matter produced by means of the dissociation at the cathode is so small as to almost to preclude the possibility of any direct chemical investigation of its properties. Thus the coil I used would, I calculate, if kept going uninterruptedly night and day for a year, produce only about one three–millionth part of a gramme of this substance.

The smallness of the value of m/e is, I think, due to the largeness of e as well as the smallness of m. There seems to me to be some evidence that. the charges carried by the corpuscles in the atom arc large compared with those carried by the ions of an electrolyte. In the molecule of HCl, for example, I picture the components of the hydrogen atoms as held together by a great number of tubes of electrostatic force; the components of the chlorine atom are similarly held together, white only one stray tube binds the hydrogen atom to the chlorine atom. The reason for attributing this high charge to the constituents of the atom is derived from the values of the specific inductive capacity of gases: we may imagine that the specific inductive capacity of a gas is due to the setting in the electric field of the electric doublet formed by the two oppositely electrified atoms which form the molecule of the gas. The measurements of the specific inductive capacity show, however, that this is very approximately an additive quantity: that is, that we can assign a certain value to each element, and find the specific inductive capacity of HCl by adding the value for hydrogen to the value for chlorine; the value of H_2O by adding twice the value for hydrogen to the value for oxygen, and so on. Now the electrical moment of the doublet formed by a positive charge on one atom of the molecule and a negative charge on the other atom would not be an additive property; it, however, each atom had a definite electrical moment, and this were large compared with the electrical moment of the two atoms in the molecule, then the electrical moment of any compound, and hence its specific inductive capacity, would be an additive property. For

세상에서 가장 쉬운 과학 수업 방사선과 원소

the electrical moment of the atom, however, to be large compared with that of the molecule, the charge on the corpuscles would have to be very large compared with those on the ion.

If we regard the chemical atom as an aggregation of a number of primordial atoms, the problem of finding the configurations of stable equilibrium for a number of equal particles acting on each other according to some law of force – whether that of Boscovich, where the force between them is a repulsion when they are separated by less than a certain critical distance, and an attraction when they are separated by a greater distance, or even the simpler case of a number of mutually repellent particles held together by a central force – is of great interest in connexion with the relation between the properties of an element and its atomic weight. Unfortunately the equations which determine the stability of such a collection of particles increase so rapidly in complexity with the number of particles that a general mathematical investigation is scarcely possible. We can, however, obtain a good deal of insight into the general laws which govern such configurations by the use of models, the simplest of which is the floating magnets of Professor Mayer. In this model the magnets arrange themselves in equilibrium under their mutual repulsions and a central attraction caused by the pole of a large magnet placed above the floating magnets.

A study of the forms taken by these magnets seems to me to be suggestive in relation to the periodic law. Mayer showed that when the number of floating magnets did not exceed 5 they arranged themselves at the corners of a regular polygon – 5 at the corners of a pentagon, 4 at the corners of a square, and so on. When the number exceeds 5, however, this law no longer holds: thus 6 magnets do not arrange themselves at the corners of a hexagon, but divide into two systems, consisting of 1 in the middle surrounded by 5 at the corners of a pentagon. For 8 we have two in the inside and 6 outside; this arrangement in two systems, an inner and an outer, lasts up to 18 magnets. After this we have three systems: an inner, a middle, and an outer; for a still larger number of magnets we have four systems, and so on.

Mayor found the arrangement of magnets was as follows: — where, for example, 1. 6. 10. 12 means an arrangement with one magnet in the middle, then a ring of six, then a ring of ten, and a ring of twelve outside.

Now suppose that a certain property is associated with two magnets forming a group by themselves; we should have this property with 2 magnets, again with 8 and 9, again with 19 and 20, and again with 34, 35, and so on. If we regard the system of magnets as a model of an atom, the number of magnets being proportional to the atomic weight, we should have

1.	2.	3.	4.	5.
1.5 1.6 1.7	2.6 2.7	3.7 3.8	4.8 4.9	5.9
1.5.9 1.6.9 1.6.10 1.6.11	2.7.10 2.8.10 2.7.11	3.7.10 3.7.11 3.8.10 3.8.11 3.8.12 3.8.13	4.8.12 4.8.13 4.9.12 4.9.13	5.9.12 5.9.13
1.5.9.12 1.5.9.13 1.6.9.12 1.6.10.12 1.6.10.13 1.6.11.12 1.6.11.13 1.6.11.14 1.6.11.15 1.7.12.14	2.7.10.15 2.7.12.14	3.7.12.13 3.7.12.14 3.7.13.14 3.7.13.15	4.9.13.14 4.9.13.15 4.9.14.15	

this property occurring in elements of atomic weight 2, (8, 9), 19, 20, (34, 35). Again, any property conferred by three magnets forming a system by themselves would occur with atomic weights 3, 10, and 11; 20, 21, 22, 23, and 24; 35, 36, 37 and 39; in fact, we should have something quite analogous to the periodic law, the first series corresponding to the arrangement of the magnets in a single group, the second series to the arrangement in two groups, the third series in three groups, and so on.

The velocity of the cathode rays is variable, depending upon the potential–difference between the cathode and anode, which is a function of the pressure of the gas – the velocity increases as the exhaustion improves; the measurements given above show, however, that at all the pressures at which experiments were made the velocity exceeded 10^9 cm./sec. This velocity is much greater than the value 2×10^7 which I previously obtained (Phil. Mag. Oct. 1894) by measuring directly the interval which separated the appearance of luminosity at two places on the walls of the tube situated at different distances from the cathode.

In my earlier experiments the pressure was higher than in the experiments described in this paper, so that the velocity of the cathode rays would on this account be less. The difference between the two results is, however, too great to be wholly explained in this way, and I attribute the difference to the glass requiring to be bombarded by the rays for a finite time before becoming phosphorescent, this time depending upon the intensity of the bombardment. As this time diminishes with the intensity of bombard-

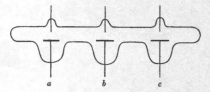

Figure 6:

ment, the appearance of phosphorescence at the piece of glass most removed from the cathode would be delayed beyond the time taken for the rays to pass from one place to the other by the difference in time taken by the glass to become luminous; the apparent velocity measured in this way would thus be less than the true velocity. In the former experiments endeavours were made to diminish this effect by making the rays strike the glass at the greater distance from the cathode less obliquely than they struck the glass nearer to the cathode; the obliquity was adjusted until the brightness of the phosphorescence was approximately equal in the two cases. In view, however, of the discrepancy between the results obtained in this way and those obtained by the later method, I think that it was not successful in eliminating the lag caused by the finite time required by the gas to light up.

Experiments with Electrodes of Different Materials.

In the experiments described in this paper the electrodes were generally made of aluminium. Some experiments, however, were made with iron and platinum electrodes.

Though the value of m/e came out the same whatever the material of the electrode, the appearance of the discharge varied greatly; and as the measurements showed, the potential-difference between the cathode and anode depended greatly upon the metal used for the electrode; the pressure being the same in all cases.

To test this point further I used a tube like that shown in fig. 6, where a, b, c are cathodes made of different metals, the anodes being in all cases platinum wires. The cathodes were disks of aluminium, iron, lead, tin, copper, mercury, sodium amalgam, and silver chloride; the potential–difference between the cathode and anode was measured by Lord Kelvin's vertical voltmeter, and also by measuring the length of spark in air which, when placed in parallel with the anode and cathode, seemed to allow the discharge to go as often through the spark–gap as through the tube. With this arrangement the pressures were the same for all the cathodes. The potential–difference between the anode and cathode and the equivalent spark–length depended greatly upon the nature of the cathode. The extent of the variation in potential may be estimated from the following table: —

Cathode	Mean Potential–Difference between Cathode and Anode
Aluminium	1800 volts
Lead	2100 volts
Tin	2400 volts
Copper	2600 volts
Iron	2900 volts

The potential–difference when the cathode was made of sodium amalgam or silver chloride was less even than that of aluminium.

The order of many of the metals changed about very capriciously, experiments made at intervals of a few minutes frequently giving quite different results. From the abrupt way in which these changes take place I am inclined to think that gas absorbed by the electrode has considerable influence on the passage of the discharge.

I have much pleasure in thanking Mr. Everitt for the assistance he has given me in the preceding investigation.

Cambridge, Aug. 7, 1897.

논문 웹페이지

On a New Radioactive Substance Contained in Pitchblende[1]

Pierre Curie (1859-1906) and Marie Sklodowska Curie (1867-1934)

1898

note by M. P. Curie and Mme. S. Curie, presented by M. Becquerel

Comptes Rendus 127, 175-8 (1898) translated and reprinted in Henry A. Boorse and Lloyd Motz, eds., *The World of the Atom*, Vol. 1 (New York: Basic Books, 1966)

Certain minerals containing uranium and thorium (pitchblende, chalcolite, uranite) are very active from the point of view of the emission of Becquerel rays. In a previous paper, one of us has shown that their activity is even greater than that of uranium and thorium, and has expressed the opinion that this effect was attributable to some other very active substance included in small amounts in these minerals.[2]

The study of uranium and thorium compounds has shown in fact that the property of emitting rays which make the air conducting and which affect photographic plates, is a specific property of uranium and thorium that occurs in all compounds of these metals, being weaker in proportion as the active metal in the compound is diminished. The physical state of the substances appears to have an entirely secondary importance. Various experiments have shown that the state of mixture of these substances seems to act only to vary the proportions of the active bodies and the absorption produced by the inert substances. Certain causes (such as the presence of impurities) which have so great an effect on the phosphorescence or fluorescence are here entirely without effect. It is therefore very probable that if certain minerals are more active than uranium and thorium, it is because they contain a substance more active than these metals.

We have sought to isolate this substance in pitchblende and experiment has just confirmed the preceding conjectures.

Our chemical researches have been guided constantly by a check of the radiant activity of the separated products in each operation. Each product was placed on one of the plates of a condenser and the conductivity acquired by the air was measured with the aid of an electrometer and a piezoelectric quartz, as in the work cited above. One has thus not only an indication but a number which gives a measure of the strength of the product in the active substance.

The pitchblende which we have analysed was approximately two and a half times more active than uranium in our plate apparatus. We have treated it with acids and have treated the solutions obtained with hydrogen sulfide. Uranium and thorium remain in solution. We have verified the following facts:

The precipitated sulphides contain a very active substance together with lead, bismuth, copper, arsenic, and antimony. This substance is completely insoluble in the ammonium sulphide which separates it from arsenic and antimony. The sulphides insoluble in ammonium sulphide being dissolved in nitric acid, the active substance may be partially separated from lead by sulphuric acid. On washing lead sulfate with dilute sulphuric acid, most of the active substance entrained with the lead sulphate is dissolved.

The active substance present in solution with bismuth and copper is precipitated completely by ammonia which separates it from copper. Finally the active substance remains with bismuth.

We have not yet found any exact procedure for separating the active substance from bismuth by a wet method. We have, however, effected incomplete separations as judged by the following facts:

When the sulphides are dissolved by nitric acid, the least soluble portions are the least active. In the precipitation of the salts from water the first portions precipitated are by far the most active. We have observed that on heating pitchblende one obtains by sublimation some very active products. This observation led us to a separation process based on the difference in volatility between the active sulphide and bismuth sulphide. The sulphides are heated in vacuum to about $700°$ in a tube of Bohemian glass. The active sulphide is deposited in the form of a black coating in those regions of the tube which are at $250°$ to $300°$, while the bismuth sulphide stays in the hotter parts.

More and more active products are obtained by repetition of these different operations. Finally we obtained a substance whose activity is about four hundred times greater than that of uranium. We have sought again among the known substances to determine if this is the most active. We have examined compounds of almost all the elementary substances; thanks to the kindness of several chemists we have had samples of the rarest substances. Uranium and thorium only are naturally active, perhaps tantalum may be very feebly so.

We believe therefore that the substance which we have removed from pitchblende contains a metal not yet reported close to bismuth in its analytical properties. If the existence of this new metal is confirmed, we propose to call it polonium from the name of the country of origin of one of us.

M. Demarçay has been kind enough to examine the spectrum of the substance which we studied. He was not able to distinguish any characteristic line apart from those ascribable to impurities. This fact is not favourable to the idea of the existence of a new metal. However, M. Demarçay called our attention to the fact that uranium, thorium, and tantalum exhibit spectra formed of innumerable very fine lines difficult to resolve.[3,4]

Allow us to note that if the existence of a new element is confirmed, this discovery will be uniquely attributable to the new method of detection that Becquerel rays provide.

[1] This work was done at the Municipal School of Industrial Physics and Chemistry. We particularly thank M. Bémont, head of chemical operations, for his advice and the assistance he willingly provided. --original note
[2] Mme. P. Curie, *Comptes Rendus*, vol. 126, p. 1101. --original note
[3] The peculiarity of these three spectra is described in the fine work of M. Demarçay, *Electric Spectra* (1895). --original note
[4] The excerpt in Boorse and Motz ends here. The remainder of the paper was translated by Carmen Giunta, as were the original footnotes.--CJG

논문 웹페이지

On a New, Strongly Radioactive Substance, Contained in Pitchblende[1]

Pierre Curie (1859-1906), Marie Sklodowska Curie (1867-1934), and G. Bémont

1898

note by M. P. Curie, Mme. P. Curie, and M. G. Bémont, presented by M. Becquerel

Comptes Rendus 127, 1215-7 (1898) translated and reprinted in Henry A. Boorse and Lloyd Motz, eds., *The World of the Atom*, vol. 1 (New York: Basic Books, 1966)

Two of us have shown that by purely chemical processes one can extract from pitchblende a strongly radioactive substance. This substance is closely related to bismuth in its analytical properties. We have stated the opinion that pitchblende may possibly contain a new element for which we have proposed the name *polonium*.[2]

The investigations which we are now following are in accord with the first results obtained, but in the course of these researches we have found a second substance strongly radioactive and entirely different in its chemical properties from the first. In fact, polonium is precipitated out of acid solutions by hydrogen sulphide, its salts are soluble in acids, and water precipitates them from these solutions; polonium is completely precipitated by ammonia.

The new radioactive substance that we have just found has all the chemical aspects of nearly pure barium: It is precipitated neither by hydrogen sulphide, nor ammonium sulphide, nor by ammonia; the sulphate is insoluble in acids and water; the carbonate is insoluble in water; the chloride, very soluble in water, is insoluble in concentrated hydrochloric acid and in alcohol. Finally this substance shows the easily recognized spectrum of barium.

We believe nevertheless that this substance, although constituted for the greater part by barium, contains in addition a new element which gives it its radioactivity and which moreover is very close to barium in its chemical properties. The following are the reasons which argue in favour of this view:

1. Barium and its compounds are not ordinarily radioactive but one of us has shown that radioactivity appears to be an atomic property, persisting in all the chemical and physical states of the material.[3] From this point of view, if the radioactivity of our substance is not due to barium, it must be attributed to another element.

2. The first preparations which have been obtained, in the form of the hydrated chloride, have a radioactivity sixty times stronger than that of metallic uranium (the radioactive intensity being evaluated by the conductivity of the air in our plate apparatus). In dissolving these chlorides in water and in precipitating a part with alcohol, the part precipitated is much more active than the part remaining in solution. Based on this fact, one ought to be able to effect a series of fractionations, securing an activity nine hundred times greater than that of uranium. We have been stopped by the lack of material but, from the progress of the work, it is anticipated that the activity would have increased much more if we had been able to continue. These facts may be understood in terms of the presence of a radioactive element whose chloride is less soluble in a water solution of alcohol than that of barium.

3. M. Demarçay has examined the spectrum of our material so obligingly that we cannot thank him enough. These results of his examination are set forth

in a special note following ours. M. Demarçay has found in the spectrum a line which does not appear to belong to any known element. This line, hardly visible with the chloride sixty times more active than uranium, is considerably stronger when the chloride is enriched by fractionation to nine hundred times that of uranium. The intensity of this line thus increases at the same time as the radioactivity and this we think is a very weighty reason for attributing the radioactive part of our substance to it.

The various reasons which we have just enumerated lead us to believe that the new radioactive substance contains a new element to which we propose to give the name *radium*.

We have determined the atomic weight of our active barium by titrating chlorine in the anhydrous chloride. We have found values which differ very slightly from those obtained in a parallel manner with inactive barium chloride; however, the values for the active barium are always a little greater but the difference is of the order of magnitude of the experimental errors. The new radioactive substance certainly contains a large proportion of barium, despite the fact that the radioactivity is considerable. The radioactivity of radium ought therefore to be enormous.

Uranium, thorium, polonium, radium, and their compounds make the air a conductor of electricity and expose photographic plates. From these two points of view, polonium and radium are considerably more active than uranium and thorium. On photographic plates one obtains good images with radium and polonium in a half-minute exposure; it takes several hours to obtain the same results with uranium or thorium.

The rays emitted by the compounds of polonium and radium make barium platinocyanide fluorescent. Their action from this point of view is analogous to that of Roentgen rays, but considerably weaker.[4] To make the experiment, one places on the active substance a very thin leaf of aluminum, upon which a thin film of barium platinocyanide is spread; in the dark, the platinocyanide appears weakly luminous in front of the active substance.

Thus one contructs a source of light, a very weak one to tell the truth, but one that functions without a source of energy. There is a contradiction, or an apparent one at the very least, with Carnot's principle.

Uranium and thorium produce no light under these conditions, their activity being probably too weak.[5]

[1] This work was done at the Municipal School of Industrial Physics and Chemistry. --original note
[2] M. P. Curie and Mme. P. Curie, *Comptes Rendus*, vol. 127, p. 175. --original note
[3] Mme. P. Curie, *Comptes Rendus*, vol. 126, p. 1101. --original note
[4] The excerpt in Boorse and Motz ends here. The remainder of the paper was translated by Carmen Giunta, as were the original footnotes. --CJG
[5] Here we wish to thank M. Suess, a Corresponding member of the Institute, Professor at the University of Vienna. Thanks to his gracious intervention, we received from the Austrian government a shipment, at no charge, of 100 kg of a residue from the processing of Joachimsthal pitchblende that no longer contained uranium, but did contain polonium and radium. This shipment greatly assisted our research. --original note

논문 웹페이지

위대한 논문과의 만남을 마무리하며

이 책은 마리 퀴리가 남편과 함께 노벨 물리학상을 받은 최초의 논문(1898년)과 단독으로 노벨 화학상을 받은 첫 번째 논문(1898년)에 초점을 맞추었습니다. 두 논문은 새로운 자연 방사능 원소 두 개(폴로늄과 라듐)를 발견한 내용입니다. 이와 관련하여 인공 방사선이지만 최초의 방사선인 X선을 발견한 뢴트겐의 논문과 그것을 있게 한 방전관 발명의 역사를 다루었고, 방전관에서 찾아낸 톰슨의 전자 발견 이야기도 곁들였습니다. 이 책에 등장하는 노벨상 수상자들이 주로 실험 물리학자이므로 수식보다는 실험 장치와 실험 방법에 중점을 두려고 노력했습니다.

원고를 쓰기 위해 19세기 말과 20세기 초의 많은 논문을 뒤적거렸습니다. 마리 퀴리는 주로 프랑스어로 논문을 썼기 때문에 영어로 번역된 원고를 구할 수 없어 불문과를 졸업한 아내의 도움으로 논문을 이해할 수 있었습니다. 또한 마리 퀴리의 일생에 대해서는 그녀의 둘째 딸 에브 퀴리가 쓴 전기를 주로 참고했습니다. 마리 퀴리는 여성이라는 이유로 차별 대우를 받던 시절에 성실한 자세로 실험과 연구에 열정을 바친 위대한 물리학자이자 화학자입니다. 이 책을 통해 그녀가 어떻게 새로운 발견을 하게 되었는지, 어떤 노력을 했는지를 알고 여러분도 자신이 하는 일에 열정적으로 임하기를 기대합니다. 그리고 이 여인이 얼마나 대단한 인물인지 더 많이 알려지기를 바랍니다.

이 원고를 끝내자마자 양자론의 창시자인 막스 플랑크의 논문을 공부하며 시리즈를 계속 이어나갈 생각을 하니 즐거움에 벅차오릅니다. 제가 느끼는 이 기분을 독자들이 공유할 수 있기를 바라며, 이제 힘들었지만 재미있었던 마리 퀴리의 논문과의 씨름을 여기서 멈추려고 합니다.

끝으로 용기를 내서 이 시리즈의 출간을 결정해 준 성림원북스의 이성림 사장과 직원들에게 감사를 드립니다. 시리즈의 초안이 나왔을 때, 수식이 많아 출판사들이 출간을 꺼릴 것 같다는 생각이 들었습니다. 몇 군데에 의뢰한 후 거절당하면 블로그에 올릴 생각으로 글을 써 내려갔습니다. 놀랍게도 첫 번째로 이 원고의 이야기를 나눈 성림원북스에서 출간을 결정해 주어서 이 책이 세상에 나올 수 있게 되었습니다. 원고를 쓰는 데 필요한 프랑스 논문의 번역을 도와준 아내에게도 고마움을 전합니다. 그리고 이 책을 쓸 수 있도록 멋진 논문을 만든 고 퀴리 부인에게도 감사를 드립니다.

진주에서 정완상 교수

이 책을 위해 참고한 논문들

1장

[1] W. Röntgen, Sitzungsberichte Würzburger Physik—medic, Gesellschaft. 137; 132, 1895.

[2] H. Moseley, "The High-Frequency Spectra of the Elements", The London, Edinburgh and Dublin Philosophical Magazine and Journal of Science. 6. London-Edinburgh London Taylor & Francis. 26; 1024, 1913.

2장

[1] G. Stoney, "On the Physical Units of Nature", Phil. Mag. 5; 381, 1881.

[2] G. Stoney, "Of the 'Electron' or Atom of Electricity", Phil. Mag. 5; 418, 1894.

[3] J. Thomson, "Cathode Rays", Phil. Mag. 5; 293, 1897.

[4] R. Millikan, "A new modification of the cloud method of determining the elementary electrical charge and the most probable value of that charge", Phil. Mag. 6; 209, 1910.

3장

[1] W. Röntgen, Sitzungsberichte Würzburger Physik-medic, Gesellschaft. 137; 132, 1895.

[2] A. Becquerel, "On the rays emitted by phosphorescence", Comptes Rendus. 122; 420, 1896.

[3] A. Becquerel, "On the invisible rays emitted by phosphorescent bodies", Comptes Rendus. 122; 501, 1896.

[4] M. Skłodowska-Curie, "Rays emitted by compounds of uranium and of thorium", Comptes Rendus. 126; 1101, 1898.

[5] G. Schmidt, "Über die von den Thorverbindungen und einigen anderen Substanzen ausgehende Strahlung (On the radiation emitted by thorium compounds and some other substances)", Annalen der Physik und Chemie. 65; 141, 1898.

[6] P. Curie and M. S. Curie, "Sur une substance nouvelle radioactive, contenue dans la pechblende", Comptes Rendus. 127; 175, 1898.

[7] P. Curie, M. S. Curie and G. Bémont, "Sur une nouvelle substance fortement radio-active contenue dans la pechblende", Comptes Rendus. 127; 1215, 1898.

세상에서 가장 쉬운 과학 수업 방사선과 원소

4장

[1] E. Rutherford, "Uranium Radiation and the Electrical conduction in it", Philosophical Magazine. 47; 116, 1899.

5장

[1] J. Döbereiner, "Versuch zu Gruppirung der elementaren Stoffe nach ihrer Analogie", Annalen der Physik und Chemie. 15; 301, 1829.

[2] J. Newlands, "On Relations Among the Equivalents", Chemical News. 10; 94, 1864.

[3] D. Mendeleev, "Principles of Chemistry", 1867.

[4] J. Chadwick, "Possible Existence of a Neutron", Nature. 129, 1932.

[5] F. Joliot and I. Curie, "Artificial Production of a New Kind of Radio-Element", Nature. 201, 1934.

6장

[1] F. Soddy, "The Radio Elements and the Periodic Law", Chem. News, Nr. 107; 97-99, 1913.

[2] K. Fajans, "Radioactive transformations and the periodic system of the elements", Berichte der Deutschen Chemischen Gesellschaft, Nr. 46; 422-439, 1913.

[3] E. Segrè and C. Perrier, J. Chem. Phys. 5; 712, 1937.

[4] M. Perey, "L'élément 87: Ac-K, dérivé de l'actinium", Journal de Physique et le Radium. 10 (10); 435-438, 1939.

[5] O. Hahn, "A new radio-active element, which evolves thorium emanation. Preliminary communication", Proceedings of the Royal Society of London. Series A, Containing Papers of a Mathematical and Physical Character. 76; 508, 24 May 1905.

[6] O. Hahn, L. Meitner and F. Strassmann, Naturwissenchaften, 26; 475, 1938.

[7] O. Hahn and F. Strassmann, Naturwissenschaften. 27; 11, 1939.

노벨 화학상 수상자들을 소개합니다

이 책에 언급된 노벨상 수상자는 이름 앞에 ★로 표시하였습니다.

연도	수상자	수상 이유
1901	야코뷔스 헨드리퀴스 호프	용액의 삼투압과 화학적 역학의 법칙을 발견함으로써 그가 제공한 탁월한 공헌을 인정하여
1902	★에밀 헤르만 피셔	당과 푸린 합성에 대한 연구로 그가 제공한 탁월한 공헌을 인정하여
1903	스반테 아우구스트 아레니우스	전기분해 해리 이론으로 화학 발전에 기여한 탁월한 공헌을 인정하여
1904	★윌리엄 램지	공기 중 불활성 기체 원소를 발견하고 주기율표에서 원소의 위치를 결정한 공로를 인정받아
1905	요한 프리드리히 빌헬름 아돌프 폰 베이어	유기 염료 및 하이드로 방향족 화합물에 대한 연구를 통해 유기 화학 및 화학 산업 발전에 기여한 공로
1906	앙리 무아상	불소 원소의 연구 및 분리, 그리고 그의 이름을 딴 전기로를 과학에 채택한 공로를 인정하여
1907	에두아르트 부흐너	생화학 연구 및 무세포 발효 발견
1908	★어니스트 러더퍼드	원소 분해와 방사성 물질의 화학에 대한 연구
1909	빌헬름 오스트발트	촉매 작용에 대한 그의 연구와 화학 평형 및 반응 속도를 지배하는 기본 원리에 대한 연구를 인정
1910	오토 발라흐	지환족 화합물 분야의 선구자적 업적을 통해 유기 화학 및 화학 산업에 기여한 공로를 인정받아
1911	★마리 퀴리	라듐 및 폴로늄 원소 발견, 라듐 분리 및 이 놀라운 원소의 성질과 화합물 연구를 통해 화학 발전에 기여한 공로
1912	빅토르 그리냐르	최근 유기 화학을 크게 발전시킨 소위 그리냐르 시약의 발견
1912	폴 사바티에	미세하게 분해된 금속이 있는 상태에서 유기 화합물을 수소화하는 방법으로 최근 몇 년 동안 유기 화학이 크게 발전한 데 대한 공로

1913	알프레트 베르너	분자 내 원자의 결합에 대한 그의 업적을 인정하여. 이전 연구에 새로운 시각을 제시하고 특히 무기 화학 분야에서 새로운 연구 분야를 연 공로
1914	시어도어 윌리엄 리처즈	수많은 화학 원소의 원자량을 정확하게 측정한 공로
1915	리하르트 빌슈테터	식물 색소, 특히 엽록소에 대한 연구
1916	수상자 없음	
1917	수상자 없음	
1918	프리츠 하버	원소로부터 암모니아 합성
1919	수상자 없음	
1920	발터 헤르만 네른스트	열화학 분야에서의 업적 인정
1921	★프레더릭 소디	방사성 물질의 화학 지식과 동위원소의 기원과 특성에 대한 연구에 기여한 공로
1922	프랜시스 윌리엄 애스턴	질량 분광기를 사용하여 많은 수의 비방사성 원소에서 동위원소를 발견하고 정수 규칙을 발표한 공로
1923	프리츠 프레글	유기 물질의 미세 분석 방법 발명
1924	수상자 없음	
1925	리하르트 아돌프 지그몬디	콜로이드 용액의 이질적 특성을 입증하고 이후 현대 콜로이드 화학의 기본이 된 그가 사용한 방법에 대한 공로
1926	테오도르 스베드베리	분산 시스템에 대한 연구
1927	하인리히 빌란트	담즙산 및 관련 물질의 구성에 대한 연구
1928	아돌프 빈다우스	스테롤의 구성 및 비타민과의 연관성에 대한 연구
1929	아서 하든 한스 폰 오일러켈핀	당과 발효 효소의 발효에 대한 연구
1930	한스 피셔	헤민과 엽록소의 구성, 특히 헤민 합성에 대한 연구
1931	카를 보슈 프리드리히 베르기우스	화학적 고압 방법의 발명과 개발에 기여한 공로를 인정받아
1932	어빙 랭뮤어	표면 화학에 대한 발견과 연구

1933	수상자 없음	
1934	★해럴드 클레이턴 유리	중수소 발견
1935	★장 프레데리크 졸리오 퀴리	새로운 방사성 원소의 합성을 인정하여
	★이렌 졸리오퀴리	
1936	피터 디바이	쌍극자 모멘트와 가스 내 X선 및 전자의 회절에 대한 연구를 통해 분자 구조에 대한 지식에 기여
1937	월터 노먼 하스	탄수화물과 비타민 C에 대한 연구
	파울 카러	카로티노이드, 플래빈, 비타민 A 및 B2에 대한 연구
1938	리하르트 쿤	카로티노이드와 비타민에 대한 연구
1939	아돌프 부테난트	성호르몬 연구
	레오폴트 루지치카	폴리메틸렌 및 고급 테르펜에 대한 연구
1940	수상자 없음	
1941	수상자 없음	
1942	수상자 없음	
1943	게오르크 카를 폰 헤베시	화학 연구에서 추적자로서 동위원소를 사용
1944	★오토 한	무거운 핵분열 발견
1945	아르투리 일마리 비르타넨	농업 및 영양 화학, 특히 사료 보존 방법에 대한 연구 및 발명
1946	제임스 배철러 섬너	효소가 결정화될 수 있다는 발견
	존 하워드 노스럽	순수한 형태의 효소와 바이러스 단백질 제조
	웬들 메러디스 스탠리	
1947	로버트 로빈슨	생물학적으로 중요한 식물성 제품, 특히 알칼로이드에 대한 연구
1948	아르네 티셀리우스	전기영동 및 흡착 분석 연구, 특히 혈청 단백질의 복잡한 특성에 관한 발견
1949	★윌리엄 프랜시스 지오크	화학 열역학 분야, 특히 극도로 낮은 온도에서 물질의 거동에 관한 공헌

1950	오토 파울 헤르만 딜스	디엔 합성의 발견 및 개발
	쿠르트 알더	
1951	★에드윈 매티슨 맥밀런	초우라늄 원소의 화학적 발견
	★글렌 시어도어 시보그	
1952	아처 존 포터 마틴	분할 크로마토그래피 발명
	리처드 로런스 밀링턴 싱	
1953	헤르만 슈타우딩거	고분자 화학 분야에서의 발견
1954	라이너스 칼 폴링	화학 결합의 특성에 대한 연구와 복합 물질의 구조 해명에 대한 응용
1955	빈센트 뒤비뇨	생화학적으로 중요한 황 화합물, 특히 폴리펩타이드 호르몬의 최초 합성에 대한 연구
1956	시릴 노먼 힌셜우드	화학 반응 메커니즘에 대한 연구
	니콜라이 니콜라예비치 세묘노프	
1957	알렉산더 로버터스 토드	뉴클레오타이드 및 뉴클레오타이드 보조 효소에 대한 연구
1958	프레더릭 생어	단백질 구조, 특히 인슐린 구조에 관한 연구
1959	야로슬라프 헤이로프스키	폴라로그래피 분석 방법의 발견 및 개발
1960	윌러드 프랭크 리비	고고학, 지질학, 지구 물리학 및 기타 과학 분야에서 연령 결정을 위해 탄소−14를 사용한 방법
1961	멜빈 캘빈	식물의 이산화탄소 흡수에 대한 연구
1962	맥스 퍼디낸드 퍼루츠	구형 단백질 구조 연구
	존 카우더리 켄드루	
1963	카를 치글러	고분자 화학 및 기술 분야에서의 발견
	줄리오 나타	
1964	도러시 크로풋 호지킨	중요한 생화학 물질의 구조를 X선 기술로 규명한 공로
1965	로버트 번스 우드워드	유기 합성 분야에서 뛰어난 업적

세상에서 가장 쉬운 과학 수업 방사선과 원소

1966	로버트 멀리컨	분자 오비탈 방법에 의한 분자의 화학 결합 및 전자 구조에 관한 기초 연구
1967	만프레트 아이겐	매우 짧은 에너지 펄스를 통해 평형을 교란함으로써 발생하는 매우 빠른 화학 반응에 대한 연구
	로널드 노리시	
	조지 포터	
1968	라르스 온사게르	비가역 과정의 열역학에 기초가 되는 그의 이름을 딴 상호 관계 발견
1969	데릭 바턴	형태 개념의 개발과 화학에서의 적용에 기여한 공로
	오드 하셀	
1970	루이스 페데리코 를루아르	당 뉴클레오타이드와 탄수화물 생합성에서의 역할 발견
1971	게르하르트 헤르츠베르크	분자, 특히 자유 라디칼의 전자 구조 및 기하학에 대한 지식에 기여한 공로
1972	크리스천 베이머 안핀슨	리보뉴클레아제, 특히 아미노산 서열과 생물학적 활성 형태 사이의 연결에 관한 연구
	스탠퍼드 무어	화학 구조와 리보뉴클레아제 분자 활성 중심의 촉매 활성 사이의 연결 이해에 기여
	윌리엄 하워드 스타인	
1973	에른스트 오토 피셔	소위 샌드위치 화합물이라고 불리는 유기 금속의 화학에 대해 독립적으로 수행한 선구적인 연구
	제프리 윌킨슨	
1974	폴 존 플로리	고분자 물리 화학의 이론 및 실험 모두에서 기본적인 업적을 달성하여
1975	존 워컵 콘포스	효소 촉매 반응의 입체 화학 연구
	블라디미르 프렐로그	유기 분자 및 반응의 입체 화학 연구
1976	윌리엄 넌 립스컴	화학 결합 문제를 밝히는 보레인의 구조에 대한 연구
1977	일리야 프리고진	비평형 열역학, 특히 소산 구조 이론에 기여
1978	피터 미첼	화학 삼투 이론 공식화를 통한 생물학적 에너지 전달 이해에 기여
1979	허버트 브라운	각각 붕소 함유 화합물과 인 함유 화합물을 유기 합성의 중요한 시약으로 개발한 공로
	게오르크 비티히	

1980	폴 버그	특히 재조합 DNA와 관련하여 핵산의 생화학에 대한 기초 연구
	월터 길버트	핵산의 염기 서열 결정에 관한 공헌
	프레더릭 생어	
1981	후쿠이 겐이치	화학 반응 과정과 관련하여 독자적으로 개발한 이론
	로알드 호프만	
1982	에런 클루그	결정학 전자 현미경 개발 및 생물학적으로 중요한 핵산–단백질 복합체의 구조 규명
1983	헨리 타우버	특히 금속 착물에서 전자 이동 반응 메커니즘에 대한 연구
1984	로버트 브루스 메리필드	고체 매트릭스에서 화학 합성을 위한 방법론 개발
1985	허버트 하우프트먼	결정 구조 결정을 위한 직접적인 방법 개발에서 뛰어난 업적
	제롬 칼	
1986	더들리 허슈바크	화학 기본 프로세스의 역학에 관한 기여
	리위안저	
	존 폴라니	
1987	도널드 제임스 크램	높은 선택성의 구조 특이적 상호 작용을 가진 분자의 개발 및 사용
	장마리 렌	
	찰스 피더슨	
1988	요한 다이젠호퍼	광합성 반응 센터의 3차원 구조 결정
	로베르트 후버	
	하르트무트 미헬	
1989	시드니 올트먼	RNA의 촉매 특성 발견
	토머스 체크	
1990	일라이어스 제임스 코리	유기 합성 이론 및 방법론 개발
1991	리하르트 에른스트	고해상도 핵자기 공명(NMR) 분광법의 개발에 기여
1992	루돌프 마커스	화학 시스템의 전자 전달 반응 이론에 대한 공헌

세상에서 가장 쉬운 과학 수업 방사선과 원소

1993	캐리 멀리스	DNA 기반 화학 분야에서의 방법론 개발, 특히 중합 효소 연쇄 반응(PCR) 방법의 발명
	마이클 스미스	DNA 기반 화학 분야에서의 방법론 개발, 특히 올리고뉴클레오타이드 기반의 부위 지정 돌연변이 유발 및 단백질 연구 개발에 근본적인 기여
1994	조지 올라	탄소양이온 화학에 기여
1995	파울 크뤼천	대기 화학, 특히 오존의 형성 및 분해에 관한 연구
	마리오 몰리나	
	셔우드 롤런드	
1996	로버트 컬	풀러렌 발견
	해럴드 크로토	
	리처드 스몰리	
1997	폴 보이어	아데노신삼인산(ATP) 합성의 기본이 되는 효소 메커니즘 해명
	존 워커	
	옌스 스코우	이온 수송 효소인 Na+, K+ −ATPase의 최초 발견
1998	월터 콘	밀도 함수 이론 개발
	존 포플	양자 화학에서의 계산 방법 개발
1999	아메드 즈웨일	펨토초 분광법을 사용한 화학 반응의 전이 상태 연구
2000	앨런 히거	전도성 고분자의 발견 및 개발
	앨런 맥더미드	
	시라카와 히데키	
2001	윌리엄 놀스	키랄 촉매 수소화 반응에 대한 연구
	노요리 료지	
	배리 샤플리스	키랄 촉매 산화 반응에 대한 연구
2002	존 펜	생물학적 고분자의 식별 및 구조 분석 방법 개발 (질량 분광 분석을 위한 연성 탈착 이온화 방법 개발)
	다나카 고이치	
	쿠르트 뷔트리히	생물학적 고분자의 식별 및 구조 분석 방법 개발 (용액에서 생물학적 고분자의 3차원 구조를 결정하기 위한 핵자기 공명 분광법 개발)

2003	피터 아그리	세포막의 채널에 관한 발견(수로 발견)
	로더릭 매키넌	세포막의 채널에 관한 발견 (이온 채널의 구조 및 기계론적 연구)
2004	아론 치에하노베르	유비퀴틴 매개 단백질 분해의 발견
	아브람 헤르슈코	
	어윈 로즈	
2005	이브 쇼뱅	유기 합성에서 복분해 방법 개발
	로버트 그럽스	
	리처드 슈록	
2006	로저 콘버그	진핵생물의 유전 정보 전사의 분자적 기초에 관한 연구
2007	게르하르트 에르틀	고체 표면의 화학 공정 연구
2008	시모무라 오사무	녹색 형광 단백질(GFP)의 발견 및 개발
	마틴 챌피	
	로저 첸	
2009	벤카트라만 라마크리슈난	리보솜의 구조와 기능 연구
	토머스 스타이츠	
	아다 요나트	
2010	리처드 헥	유기 합성에서 팔라듐 촉매 교차 결합 연구
	네기시 에이이치	
	스즈키 아키라	
2011	단 셰흐트만	준결정의 발견
2012	로버트 레프코위츠	G 단백질의 결합 수용체 연구
	브라이언 코빌카	
2013	마르틴 카르플루스	복잡한 화학 시스템을 위한 멀티스케일 모델 개발
	마이클 레빗	
	아리에 와르셀	

2014	에릭 베치그	초고해상도 형광 현미경 개발
	슈테판 헬	
	윌리엄 머너	
2015	토마스 린달	DNA 복구에 대한 기계론적 연구
	폴 모드리치	
	아지즈 산자르	
2016	장피에르 소바주	분자 기계의 설계 및 합성
	프레이저 스토더트	
	베르나르트 페링하	
2017	자크 뒤보셰	용액 내 생체 분자의 고해상도 구조 결정을 위한 극저온 전자 현미경 개발
	요아힘 프랑크	
	리처드 헨더슨	
2018	프랜시스 아널드	효소의 유도 진화
	조지 스미스	펩타이드 및 항체의 파지 디스플레이
	그레고리 윈터	
2019	존 구디너프	리튬 이온 배터리 개발
	스탠리 휘팅엄	
	요시노 아키라	
2020	에마뉘엘 샤르팡티에	게놈 편집 방법 개발
	제니퍼 다우드나	
2021	베냐민 리스트	비대칭 유기 촉매의 개발
	데이비드 맥밀런	
2022	캐럴린 버토지	클릭 화학 및 생체 직교 화학 개발
	모르텐 멜달	
	배리 샤플리스